JN041364

改訂5版

図解でよくわかる ネットワークの重要用語解説

技術評論社

■ご注意
　本書に記載された内容は、情報の提供のみを目的としています。したがって、本書を用いた運用は、必ずお客様自身の責任と判断によって行ってください。これらの情報の運用の結果について、技術評論社および著者、各開発メーカーはいかなる責任も負いません。
　本書の情報は、2020年2月1日現在のものを掲載していますので、ご利用時には変更されている場合もあります。
　以上の注意事項をご承諾いただいた上で、本書のご利用願います。これらの注意事項をお読みいただかずに、お問い合わせいただいても、技術評論社および著者は対処しかねます。あらかじめ、ご承知おきください。

●本文中に記されている製品などは、各発売元または開発メーカーの登録商標または製品です。なお、本文中には、®、™は明記していません。

はじめに

コンピュータ用語というものは、誰に聞いても「難しい」と言われます。専門用語ばかりというのもありますが、略称を使うことが多いのも大きな要因でしょう。中でもネットワークに関するものといえば、とにかく略称ばかりで意味が推測できません。しかも困ったことに似たようなスペルのものが多いんですよね。DNSとDHCPって自分もはじめは区別できなかったですもの。

ところが技術屋さんの常として、こういった言葉の意味を聞くと、さらに専門用語で切り返してきたり、「そもそも～」などと難しい講釈を垂れだすことが多いのです。ちょっと聞いただけなのに、難しい言葉が返ってくる、頭が痛くなっちゃう、もう嫌だ。そんな感じで苦手意識を刷り込まれてしまった人も、不幸なことに少なくはないでしょう。

でも、そうした苦手意識を持った人でも、身の回りのものに置き換えてみたり、絵を描いて教えたりすると、案外すんなりとわかってしまうものです。結局のところ、わからないというのは「頭の中でイメージ化できない」ことなんですよね。どんな動きをするものなのか、どんな役割のものなのか、イメージさえ浮かんでしまえばこっちのものなのに、その「イメージ化する」ってことがなかなか大きな壁なわけです。

では、その頭の中にあるイメージをそのまま伝えましょう。

本書はそうした考えから生まれました。

言葉では難解なことでも、「ああ、こんなイメージだったなぁ」と絵が浮かべば、だいたい意味は推測できるものです。「概略がつかめて話をあわせることができれば良い」のだけれどそれさえ覚束ない人たちに、本書がひとつの救いとなってくれれば幸いです。

2002年 11月 きたみりゅうじ

CONTENTS

5章 ハードウェア編 111

6章 サービス・プロトコル編 143

7章 インターネット基礎編

8章 インターネット技術編 197

9章 モバイルネットワーク編 239

本書の使い方

本書の特徴

本書は、ネットワークの重要用語を文章と豊富なイラストで解説しています。イラストにより各用語の内容や働きのイメージをつかむことができ、理解しやすい内容になっています。イラストのイメージを頭にいれつつ、読み進めてください。

また、本書は最初から順番に読み進めていく必要はありません。わからない単語や気になる単語から拾い読みしていただいても結構です。もちろん、1章から順に読んでいただいてもかまいません。

用語解説部の構成

用語タイトル

用語タイトルは、一番よく表記されている形式で表記しています。
またそれぞれによく使われている読み仮名や英語表記もあわせて
記しています。

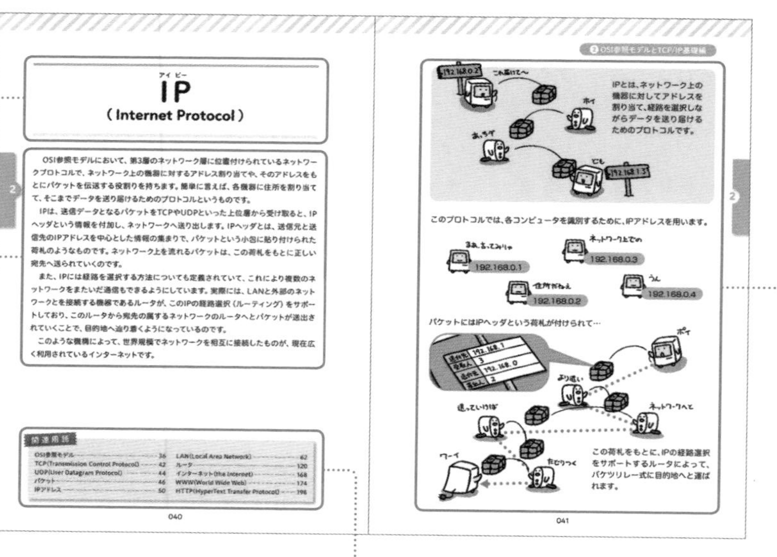
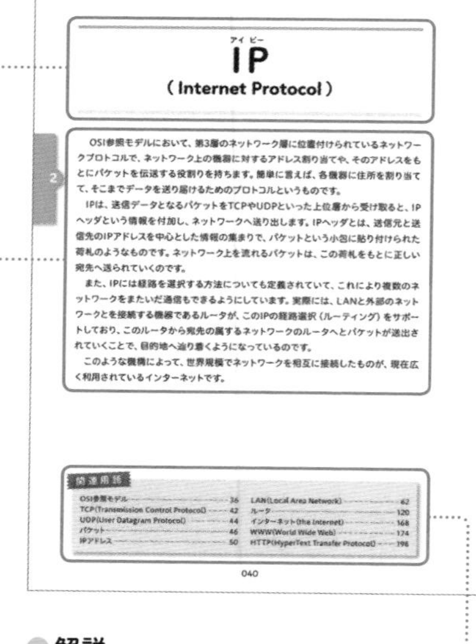

IP（アイピー）
(Internet Protocol)

OSI参照モデルにおいて、第3層のネットワーク層に位置付けられているネットワークプロトコルで、ネットワーク上の機器に対するアドレス割り当てや、そのアドレスをもとにパケットを伝送する役割りを持ちます。簡単に言えば、各機器に住所を割り当てて、そこまでデータを送り届けるためのプロトコルというものです。

IPは、送信データとなるパケットをTCPやUDPといった上位層から受け取ると、IPヘッダという情報を付加し、ネットワークへ送り出します。IPヘッダとは、送信元と送信先のIPアドレスを中心とした情報の集まりで、パケットという小包に貼り付けられた荷札のようなものです。ネットワーク上を流れるパケットは、この荷札をもとに正しい宛先へ送られていくのです。

また、IPには経路を選択する方法についても定義されていて、これにより複数のネットワークをまたいだ通信もできるようにしています。実際には、LANと外部のネットワークとを接続する機器であるルータが、このIPの経路選択（ルーティング）をサポートしており、このルータから宛先の属するネットワークのルータへとパケットが送出されていくことで、目的地へ辿り着くようになっているのです。

このような機構によって、世界規模でネットワークを相互に接続したものが、現在広く利用されているインターネットです。

関連用語

OSI参照モデル	36	LAN(Local Area Network)	62
TCP(Transmission Control Protocol)	42	ルータ	120
UDP(User Datagram Protocol)	44	インターネット(the Internet)	168
パケット	46	WWW(World Wide Web)	174
IPアドレス	50	HTTP(HyperText Transfer Protocol)	196

040

❷ OSI参照モデルとTCP/IP基礎編

IPとは、ネットワーク上の機器に対してアドレスを割り当て、経路を選択しながらデータを送り届けるためのプロトコルです。

このプロトコルでは、各コンピュータを識別するために、IPアドレスを用います。

パケットにはIPヘッダという荷札が付けられて…

この荷札をもとに、IPの経路選択をサポートするルータによって、パケツリレー式に目的地へと運ばれます。

041

解説

用語を解説しています。絵を見て
イメージをつかんだうえで読むと
よりいっそうの理解が得られます。

関連用語

とりあげた用語に関連する用語です。

イラスト解説部

本書で取り上げたすべての用語を
イラストで解説しています。イメージ
をつかむことができ、理解しやすく
なっています。

1章

ネットワーク概論

1

LANとWAN

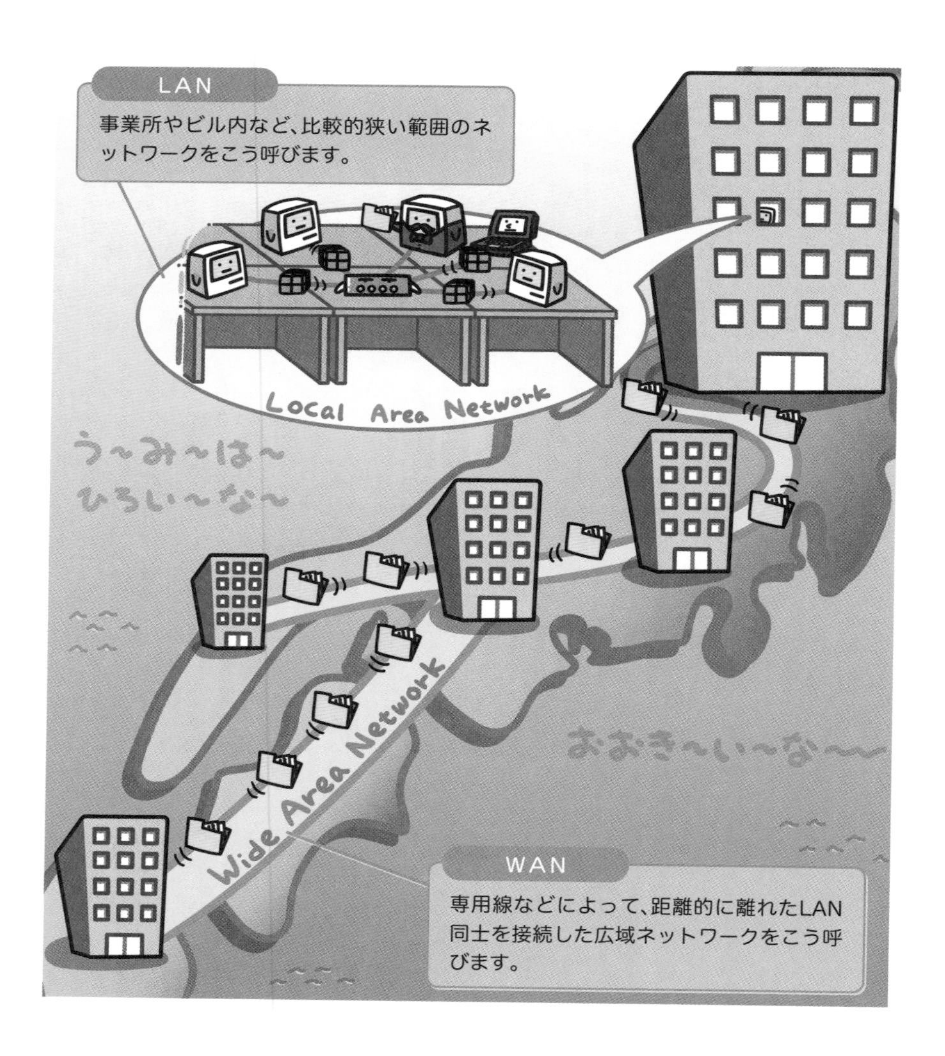
LAN
事業所やビル内など、比較的狭い範囲のネットワークをこう呼びます。
Local Area Network
う〜み〜は〜
ひろい〜な〜
Wide Area Network
おおき〜い〜な〜
WAN
専用線などによって、距離的に離れたLAN同士を接続した広域ネットワークをこう呼びます。

ネットワークとは、情報が流れる経路のこと。たとえば私たちは普段、何の気なしに電話を使い会話をしているわけですが、これは電話が公衆回線網というネットワークにつながれているからできることです。もっと単純に言えば糸電話。ただの紙コップを1本の糸でつなぐだけでおしゃべりできますよね？ あれは音の波形が糸を伝わってうんぬん……と色々原理があるんでしょうが、要は「音声を流すことのできるネットワーク」に2つの紙コップをつないだからできるわけです。

ネットワークとは、情報が流れる経路のこと

この糸電話の場合、ネットワークとは単なる1本の糸ということになりますが、先ほど言ったように「ネットワークとは情報が流れる経路」なのであって、その経路が何でできているかは問題ではありません。たった1本の糸だって、そこに情報が流れるなら、これは立派なネットワークなのです。

つまりネットワークとは、何か特別なものというわけではありません。コンピュータの場合は、ネットワーク上を流れる情報が音声ではなくてファイルなどの「電子データ」となるだけの話。ただ、この電子データが何でもあらわすことができたりして、それがあまりに万能に活用できちゃうもんだから、ちょっと特別に見えてしまうね……というだけにすぎないのです。

糸電話だって、立派な音声ネットワーク

さて、コンピュータがつながるネットワークと言った時に、欠かすことのできない用語がLANとWANです。

LANとはローカル・エリア・ネットワークの略で、事業所やビルの中など比較的狭い範囲のネットワークをこう呼びます。

狭い範囲のネットワークをあらわす言葉がLAN

現在は個人の宅内で複数台のパソコンやスマートフォンなどの情報端末を持つご家庭も増えました。そういった家庭で構築するネットワークもやはりLANということになります。

LANには様々な規格があり、その接続形態はバス型、スター型、リング型と3種類に分かれます。特にハブを利用した接続形態である、スター型のLANが今はもっとも一般的です。

LANを構築するメリットとは、ネットワークを構築することのメリットそのものだと言って良いでしょう。たとえばファイルなどの電子データや、プリンタなどの外部機器。こうした資源をリソースと言いますが、このリソースの共有がその大きな目的です。現在主流となっているマイクロソフト社製のWindows OSをはじめ、ほとんどの情報端末にはネットワークの機能が標準で組み込まれているため、こうしたメリットを簡単に享受できるようになっています。

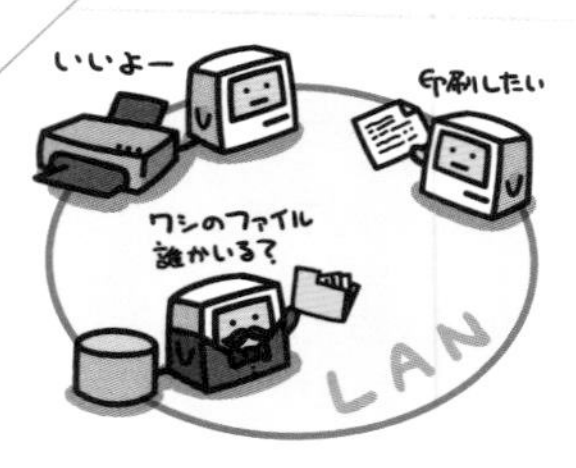

LANによって、リソースを共有することができる

WANとはワイド・エリア・ネットワークの略で、距離的に離れているLAN同士を専用線などによって接続した広域ネットワークのことをこう呼びます。たとえば企業で支社間同士を接続するなど、そういったネットワークを想像すると良いでしょう。

離れたLAN同士を接続した、広域ネットワークがWAN

WANで用いる専用線は、かなり高額なものでない限り、一般的にLANのものよりも大幅に速度が劣ります。そのため、支社間をつないだからといって、LANと同じ感覚でファイル共有や外部機器の共有を行うといった用途には向きません。多くは仕事上必要となるデータの受け渡しや、人事管理など基幹業務を集中管理するための利用となります。

普及が進んで現在では広く利用されるに至ったインターネットに関しても、広い意味ではWANの一種だと言うことができます。なぜなら、あれは一見すると超巨大なネットワークインフラとしか見えませんが、その中身はというと、世界中のLAN同士を接続したものととらえることができるからです。

インターネットもWANの一種

かつてはコストの高い専用線を使うしか選択肢がなかったWANですが、近年では暗号化通信技術の発達によって、途中経路にこうしたインターネットを利用する安価な構築例も珍しくなくなりました。

1

クライアントとサーバ

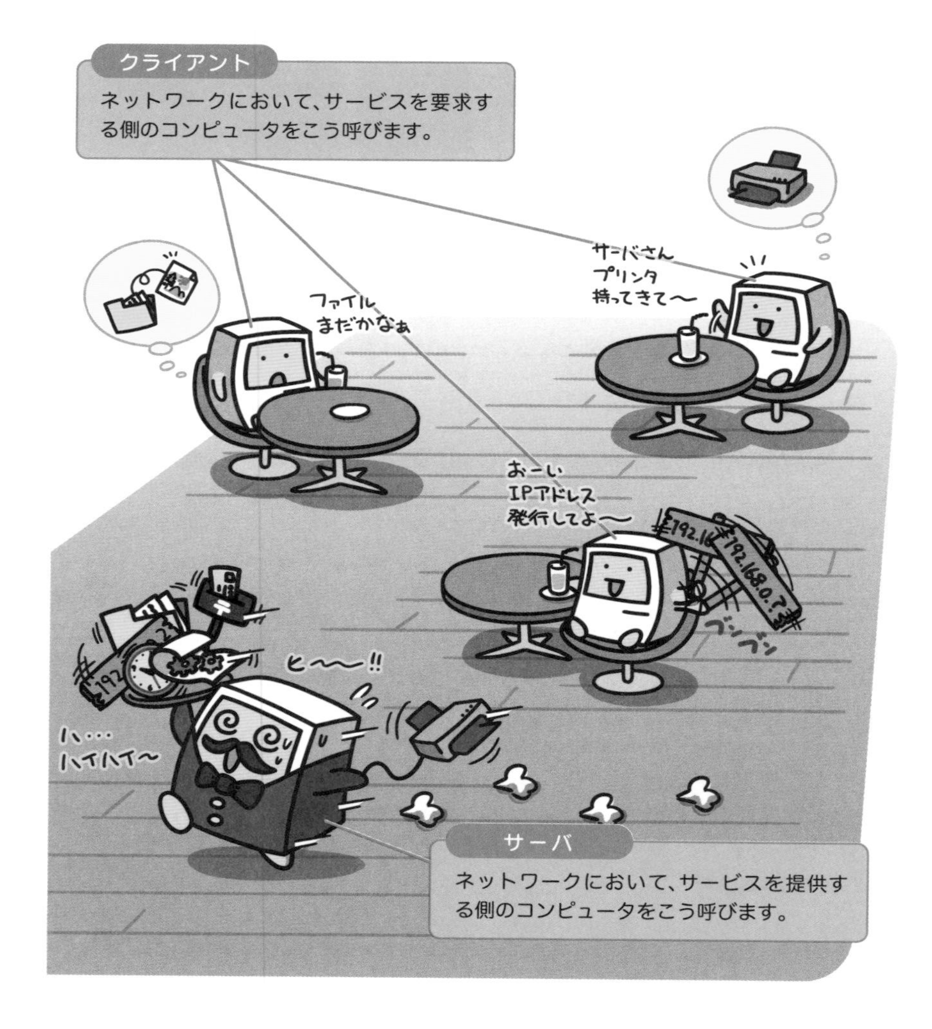

ネットワーク上の登場人物と言えば、サーバとクライアント。これは、そういう名前のコンピュータがいるわけではなく、コンピュータの役割を表現するために使う言葉です。

サーバとはネットワークの給仕人

サーバというのは「給仕人」という意味です。ちょっと高級なレストランとかに行くといますよね?席に案内してくれたり、メニューを持ってきてくれたり、わからないことがあると教えてくれたりする親切な人。ネットワークの中であの役割を果たすのがサーバさんの仕事です。

反対にクライアントとは「依頼人」という意味です。「あれしろ〜」「これくれ〜」とねだる側。役柄で言うとレストランに来たお客さんですね。席につくことからはじまって、注文したり質問したりと、様々な要望をサーバ(給仕人)に伝えて叶えてもらうわけです。

レストランではお客さんが主人公であるように、ネットワークでも主人公はクライアントです。サーバはあくまでも補助をする側であり、「何をしたいのか」を能動的に伝えるのはクライアントの仕事。こうした「サービスを提供する人」と「サービスを受ける人」がやり取りを行うことによって、ネットワークでは情報が行き交うことになるのです。

主人公は依頼人であるクライアント

Peer-to-Peerでは、お互いにリソースを共有する

コンピュータが5〜6台といった小規模なLANの場合、サーバとして専用のコンピュータを設置することは珍しく、ほとんどがPeer-to-Peer（ピア・トゥー・ピア）型のネットワークとなります。

Peer-to-Peer型のネットワークとは、ネットワーク上のクライアントがお互いにファイルやプリンタといったリソースを共有しあう形態です。そこでは、自分のファイルやプリンタを使用したいと依頼された時はサーバとなり、他のコンピュータのリソースを使用したい時はクライアントとなって依頼を出します。

この形態では、高級レストランのように専任の給仕人は居ません。各コンピュータが、時にはサーバとなり、時にはクライアントとなり……と、その時々の状況に応じて役割を変えるのです。

このように、Peer-to-Peer型のネットワークにおいては、各コンピュータは同等の権限を持っていて、しかも独立しています。そのため、ネットワークにコンピュータを追加したり、逆にネットワークから切断したりといったことも、誰に許可を取る必要もなく自由に行うことができます。そうしたことから、手軽に扱うことのできるネットワーク形態だと言えます。

ネットワークへの参加が自由にできる

それとは逆に、専任の給仕人、つまりサーバとして専用のコンピュータを設けてネットワークを管理する方法もあります。これはクライアントサーバ型と呼ばれるネットワーク形態で、ネットワークの管理をサーバ上で一括して行うものです。

クライアントサーバは、サーバで一括管理する

たとえば給仕人のいるレストランでは、席に座ることすら好き勝手には行えず、その案内のもとで行われますよね。そうした上で要求を伝え、席に着き、必要なサービスを受けるわけです。クライアントサーバ型のネットワークもこれと同じ。コンピュータはネットワークに参加する時点から、サーバに対して許可を得なくてはいけません。そして、サーバ上にあるファイルやプリンタなどの利用を依頼して、必要なサービスを受けるわけです。

一見まどろっこしく見える方法ですが、サーバ側で一括して管理することができるため、ある程度規模の大きなネットワークになると逆に管理の手間がかかりません。なんでもそうですが、参加者が増えると、なにやら怪しい人が混じってきたり、喧嘩が始まったり……となるのは世の常。一括管理であれば、そんな場合も、セキュリティ上好ましくない利用者に制限をかけたり、ネットワークへの参加を拒否したりなど、一箇所で柔軟にサービスの構成を変更することができるため、手間がかからないのです。

ネットワーク全体を、柔軟に管理できる

1

ネットワークを構成する装置

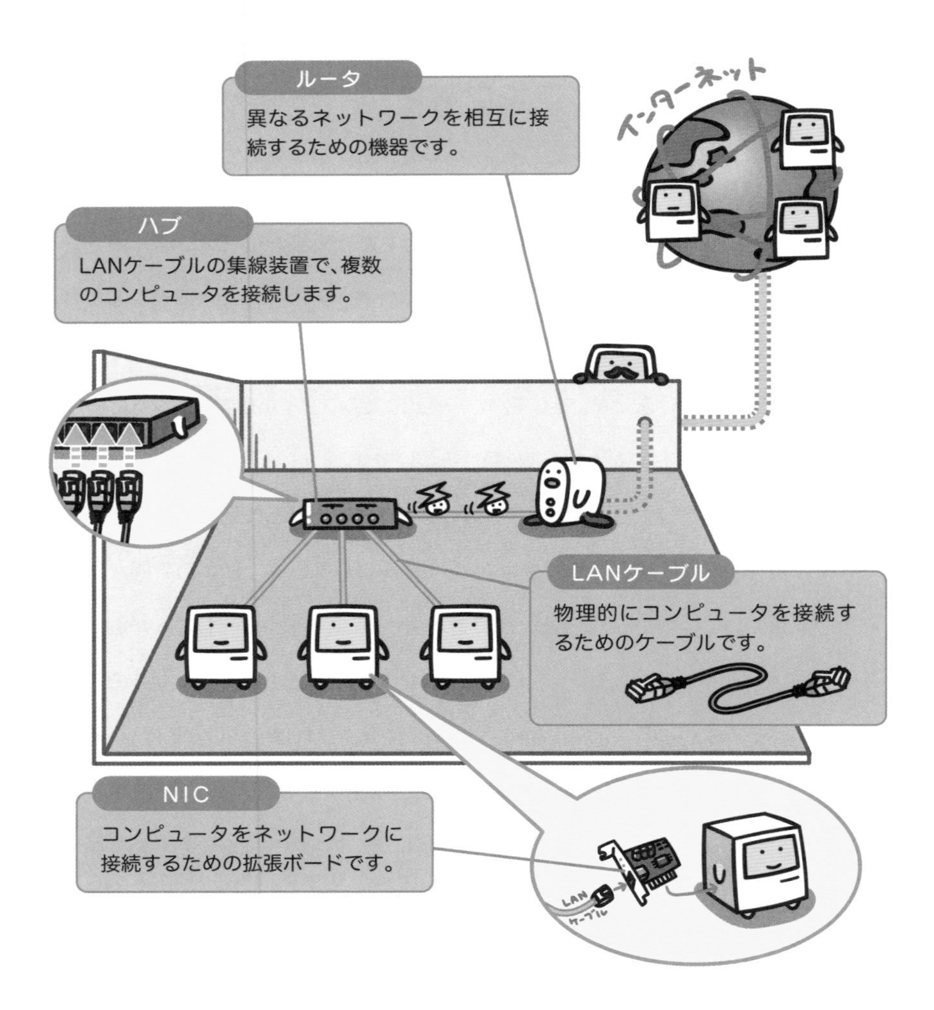

ネットワークには物理的な接続方法から、その上で流す電気信号の定義、通信内容を送受信する手順など様々な規則が定められています。こうした約束事に則った機器でネットワークを構成することによって、コンピュータの種類に依存することなく、多様な情報をやり取りできるようになっています。

約束事を統一することで情報がやり取りできる

この「約束事に則った機器構成」は、実生活に置き換えてみると、身近にある固定電話に良く似ています。固定電話の場合、電話機をモジュラーケーブルで宅内の回線口に接続して使うわけですが、その際どれだけ多機能な電話機であっても、逆に簡素な電話機であっても、私たちは通話にあたって電話機の種類を意識することはまずありません。これは電話機がアナログ公衆回線を利用するための規格に沿っているからです。音声を電話線に信号としてのせる部分がみな同じであれば、電話機の機種を揃える必要はないわけですね。

電話とコンピュータネットワークの違いと言えば、コンピュータには最初からそうした信号変換機能が付いているわけではない(それ専用の機器ではない)ことと、用意された公衆回線につなぐだけで終わるものでもないということ。コンピュータの場合は様々な装置を組み合わせて、自身の利用に適したネットワークを実現化することになります。

電話もネットワークも変換という意味では同じ

LANの規格として広く普及しているEthernetにおいて、ネットワークを構成する機器としては、NIC、LANケーブル、ハブ、ルータといった辺りが代表的なものになります。

NIC（Network Interface Card）は、コンピュータをネットワークに接続するために必須となる拡張ボードです。NICにはLANケーブルを接続するためのポート（挿し込み口）が設けられており、コンピュータ上のデータを電気的な信号に変換して、このポートから送り出します。他からの受信に関してもここで行い、その場合は受信した電子信号をもとのデータに復元してコンピュータへと渡します。言ってみればネットワークとコンピュータとの間を橋渡しする翻訳機みたいなものです。

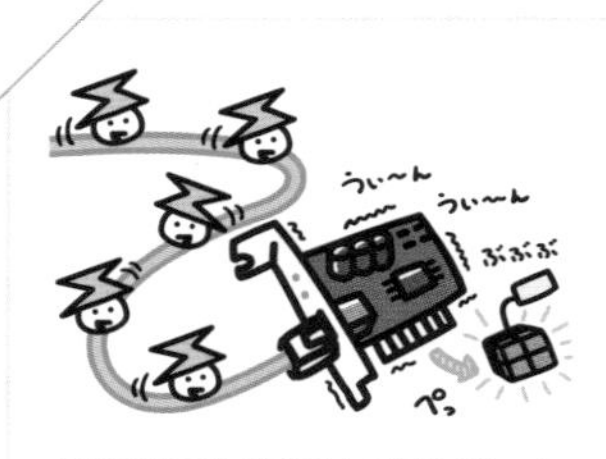

NICは電気信号と電子データとの翻訳機

現在のコンピュータはネットワークの利用を前提としていることがほとんどであるため、通常は最初からこの機能を内蔵した形で出荷されています。

LANケーブルは物理的にコンピュータを接続するケーブルです。たとえるなら、電話機を公衆回線に接続するためのモジュラーケーブルみたいなものです。このケーブルをNICのポートに挿し込んでコンピュータ同士を接続することにより、データを流すための経路が確立されます。

LANケーブルは電気信号の物理的な通り道

ハブはLANケーブルの集線装置です。LANケーブルを接続するためのポートを複数備えており、その数だけコンピュータを接続することができます。

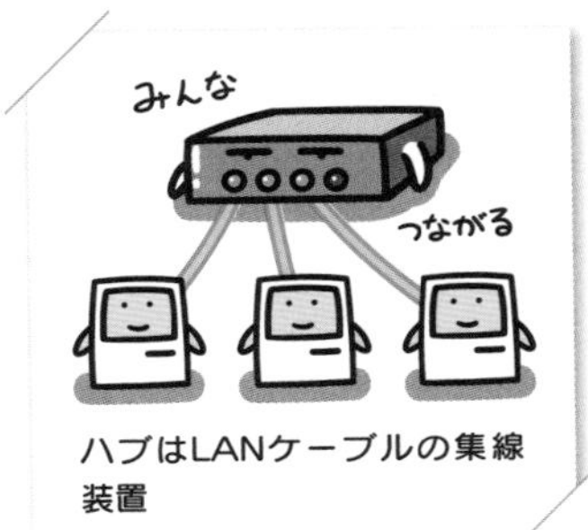

ハブはLANケーブルの集線装置

この装置は接続されたLANケーブル間の電気的な中継器となります。したがって、ここに接続されたコンピュータは、お互いにLANケーブルで接続された状態と同じになるわけです。これによって、複数台のコンピュータ間で、お互いに情報を送り合う環境がひとつ出来上がることになります。

これらが手元のコンピュータ同士を接続して、LANを構成するための基本的な装置です。コンピュータがどうやって物理的な接続口を持つか、そうして1対1の接続が可能になり、それが複数台でやり取りできるようになり……と広がっていく流れが少しは実感できましたでしょうか。

最後に紹介するルータに関しては、それらと少し毛色が異なります。ルータは、異なるネットワークを相互に接続するために使用する機器なのです。たとえばLANとインターネットを接続するとか、支社間のLAN同士を接続してWANを構築するといった場合に必要となるもので、通信データがどのネットワークに送られるべきものなのかを判断し、適切な場所へと転送する仕分け屋さんです。

ルータはネットワークの仕分け屋さん

ネットワーク上のサービス

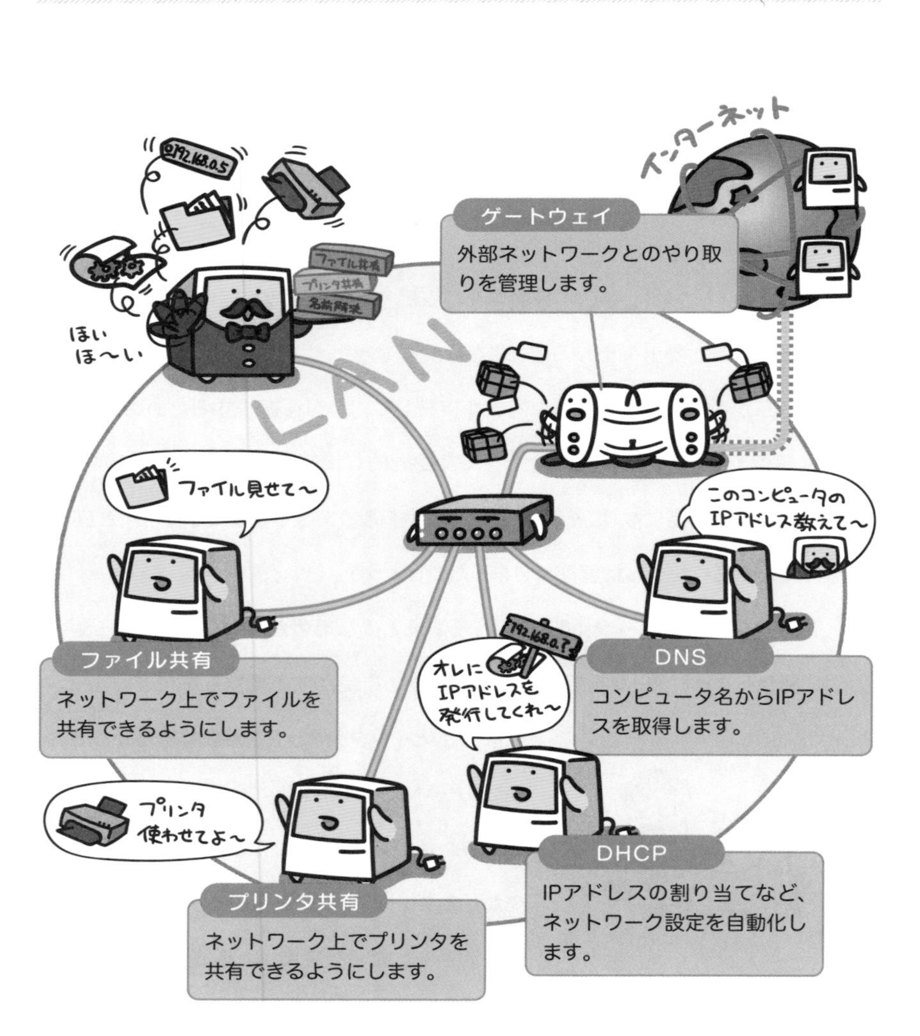

サービスというのは、サーバがネットワーク上で提供している機能のことです。たとえばファイルを共有するだとか、プリンタを共有するといったものもこのひとつ。これらはネットワーク上にあるサーバが、共有サービスとして機能を開放しているから、クライアントから利用することができるのです。

サービスはサーバが提供している機能のこと

そもそもサーバというのは特別な機械を指すものではなく、「サービスを提供する側のコンピュータ」を指す言葉です。したがって、ファイルの共有など何らかのサービスをネットワークに対して提供しているものは、すべてサーバとして動作していることになります。こうしたサービスには、個々のコンピュータが自身のリソースを共有させるために用いるものから、ネットワーク全体を円滑に管理・運営するために欠かせないものまで様々な種類があります。

前者の代表例がファイル共有やプリンタ共有サービス。特にプリンタの共有は、プリンタを1台用意するだけでネットワーク上のどこからでも印刷が可能になるため、LANを組むなら必ず利用したいサービスです。

一方、後者の管理・運営の代表例がDHCPやDNS。現在では家庭向けのルータにもこうした管理機能が一部搭載されるようになっており、LANの構築を容易なものにしています。

家庭用ルータにも様々なサーバ機能が実装されている

DHCP (Dynamic Host Configuration Protocol) は、クライアントに対するネットワークの設定やIPアドレスの割り当てを自動化するためのサービスです。

DHCPはIPアドレスの割り当てなど設定を自動化する

ネットワーク上の各クライアントは、DHCPサーバにリクエストを投げることで、自身が使用するIPアドレスを借り受けてネットワークに参加することができます。このIPアドレスというものは、TCP/IPネットワークにおいては各コンピュータを識別するために用いられます。ですから当然ネットワークに参加するコンピュータは、それぞれ重複しない値を割り当てて使用しなくてはいけません。その管理の手間を、このサービスは削減してくれます。

一方、なんだか似た響きのDNS (Domain Name System) は、IPアドレスとコンピュータ名との対応を管理するサービスです。このサービスによってコンピュータ名からIPアドレスを割り出すことができるため、私たちがコンピュータへアクセスする際は、覚えづらいIPアドレスではなく、覚えやすいコンピュータ名を用いることができるようになるわけです。

DNSはコンピュータ名からIPアドレスを取得する

これらのサービスが稼動しているネットワークでは、クライアント側の設定はほとんど自動化されることになります。したがって、ネットワークの構成変更にも手間がかからず、柔軟な対応が可能です。

ネットワーク管理の他に、LANを便利に利用するためのサービスも存在します。

たとえばNTP (Network Time Protocol) というサービスでは、そのサービスが稼動しているコンピュータの時刻に全コンピュータの時刻を同期させることができます。

NTPは時刻を同期させることができる

今どきの話で言うと、宅内にある複数の情報端末が同時にインターネットを利用できるのも、そうしたサービスが働いてくれているおかげ。本来は外部ネットワークとやり取りするためには、やり取りする台数分(世界的に一意な値となる)IPアドレスが必要ですが、外部ネットワークとの出入り口となるゲートウェイでは、1つのIPアドレスを複数の端末でシェアできるようにする機能(IPマスカレードという)が稼働しており、インターネットのWWW (World Wide Web) などを、複数の端末が同時に閲覧できるようにしています。

このように、ネットワークというのはサービスの組み合わせによって稼動しています。つまりネットワークで行えることというのは、「どんなサービスがそのネットワーク上で稼動しているか」によって決まるわけです。新たなサービスを追加することで、ネットワークの持つ機能はいくらでも柔軟に拡張することができるのです。

ゲートウェイは外と内とをつなぐ出入り口

1

インターネット技術

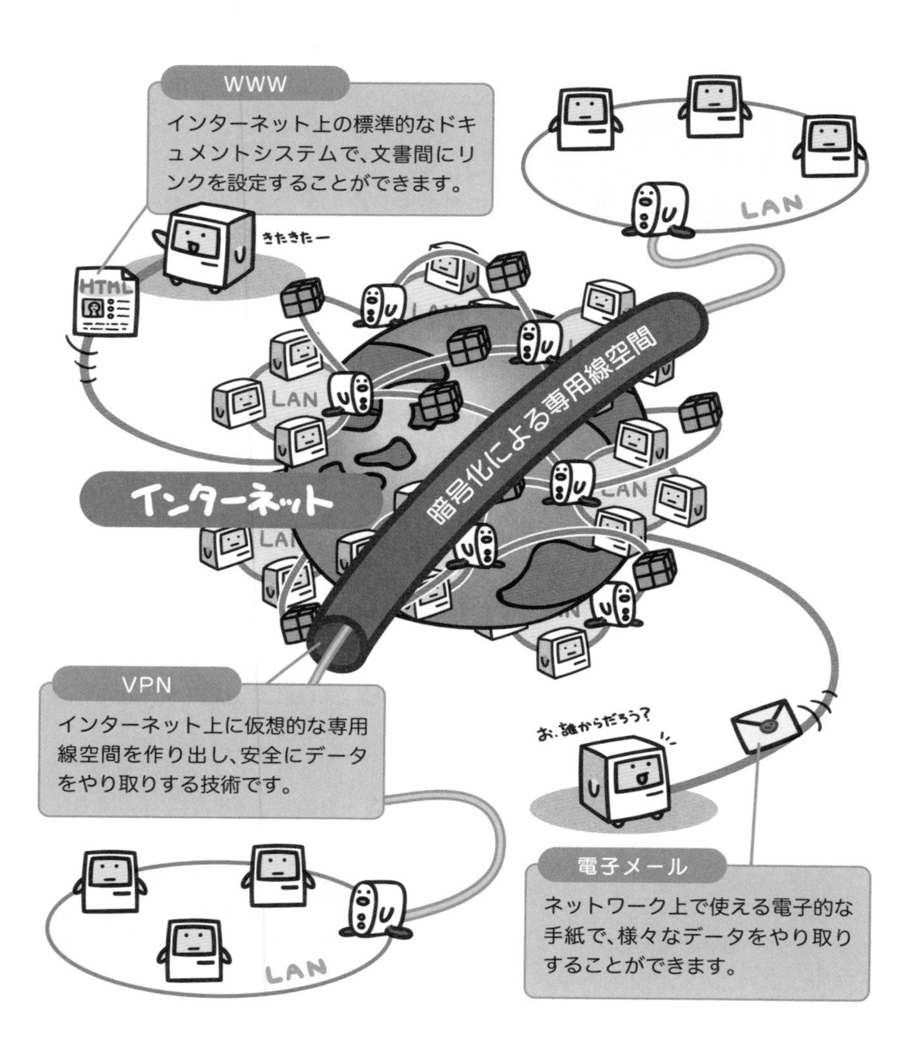
WWW
インターネット上の標準的なドキュメントシステムで、文書間にリンクを設定することができます。
きたきたー
HTML
LAN
LAN
暗号化による専用線空間
インターネット
LAN
LAN
LAN
VPN
インターネット上に仮想的な専用線空間を作り出し、安全にデータをやり取りする技術です。
お、誰からだろう？
LAN
電子メール
ネットワーク上で使える電子的な手紙で、様々なデータをやり取りすることができます。

インターネットは世界規模のネットワーク

LAN同士を相互に接続していくことで、世界的な規模にまで広がることになったネットワークがインターネットです。かつては学術研究目的に利用されていたものですが、一般ユーザに対しても門戸を開き、その接続サービスが台頭することで爆発的に普及を遂げました。

今では商用利用も盛んに行われており、インターネットという言葉はごく普通に利用されるインフラとして定着しています。特に近年目覚ましく進化を遂げているスマートフォンなどのモバイル端末分野においては、インターネットとの接続がサービス利用の大前提であると言っても過言ではありません。

このネットワークは、TCP/IPというネットワークプロトコルを基盤としています。この基盤においてデータの配送を担当するのがIPというプロトコルで、ネットワーク上の各コンピュータは、IPアドレスによって識別されます。

一方LANとLANを接続するのはルータの役割です。このルータが経路を選びながらバケツリレーのようにデータを受け渡して行くことで、目的のネットワークへ通信データが送り届けられる仕組みです。

ルータ同士がバケツリレーのようにデータを流す

このインターネットでもっとも利用されているであろうサービスが、WWW（World Wide Web）と電子メールです。

WWWはインターネット上で標準的に用いられているドキュメントシステムで、普及の原動力ともなったサービスです。もっとも多く利用されているサービスであるため、インターネットという言葉がそのままWWWを示すことも少なくありません。

WWWは世界中を網羅するドキュメントシステム

WWWにおいて、ドキュメントはHTML（Hyper Text Markup Language）という言語を用いて記述されており、ドキュメント間はリンクによって関連性を持たせることができます。主体はテキストデータですが、文書内に画像や音声・動画といった様々なコンテンツを混在させることができるのも大きな特徴で、これらはURLという形式でアドレスを指定することにより、世界中のどこからでも閲覧することができるようになっています。

一方、電子メールは簡単に言うと、手紙をコンピュータネットワーク上でやりとりできるようにしたものです。利用する各人は、それぞれ自身の電子メールアドレスを持ち、このアドレスを宛先として、コンピュータ上で書いたメッセージを相手に送ります。これがネットワークを通って届けられるわけですが、当然実際の手紙のようなタイムラグはありません。加えてメッセージ本文にファイルを添付することであらゆるデータのやり取りもできる利便性から、非常に重宝されているサービスです。

電子メールはネットワークを利用した手紙

また、インターネット自体が世界的なネットワークということから、通信インフラと捉えて利用する動きも活発です。

その代表的なものがインターネットVPN（Virtual Private Network）です。これはインターネット上に仮想的な専用線空間を作り出すことで、拠点間を安全に接続するための技術です。この技術の主体となるのが暗号化技術で、仮想的な専用線空間は、拠点間で暗号化した通信データをやり取りすることによって作り出したものです。

VPNは仮想的な専用線空間を構築して拠点間を接続する

ここでいう拠点間とは、たとえば企業の支社間を接続するなどのケースで、従来だとこうした広域ネットワークであるWANを構築するには高価な専用線を用いる必要がありました。しかし、既存のインターネット回線を転用することができれば、高価な回線費用は必要ありません。それを暗号化技術によって可能としたことで、WANの構築は大変安価に行うことができるようになりました。

インターネットには他にも様々なサービスが存在し、一部は廃れて消え去り、また新しいサービスが台頭し……としながら、その様相を日々刻々と変化させています。今この瞬間も新しい技術が考案されているため、こうしたサービスは今後も広がりを見せていくことでしょう。

暗号化技術の発達が、新たなサービスを生み出していく

column

ネットワークが下りてきた日

僕がIT業界に就職を決め社会に出た年、世の中はWndows95フィーバーとやらで沸きかえりました。発売日には深夜のパソコンショップに行列ができ、その様子をテレビニュースが取り上げるなど、従来からは想像できない現象が巻き起こったのです。

そんな現象が巻き起こるほど、それまでのWindows3.1は使い辛かったんだよ……と、そうした声が聞こえてきそうな話ですが、なにせこの時を境に「パソコン」というものが市民権を得たのは確かでしょう。

しかし実はこの時、同じく市民権を得たものがもうひとつあるのです。

それが、ネットワークです。

Windows95登場以前、家庭向けに売り出されていたパソコンはほとんどがWindows3.1搭載のもので、これらを用いてネットワークを利用するには、別途専用のソフトウェアを買ってきて導入する必要がありました。そして、それを行うのはごく一部の人に限られていたのです。

そんな時代からもう25年。今ではパソコンに限らずあらゆる情報端末がネットワークに対応……どころかネットワークを前提とした作りに生まれ変わりました。インターネットへの常時接続環境は誰もが持っていて当たり前。本で調べるよりも、手の中にすっぽりおさまるスマートフォンで、「OK、Google」などと話しかけて教えを請えば、ネットワークの海からあっという間に答えが見つかる時代。かつて「未来の電話」とある意味象徴的ですらあったテレビ電話なんて、当たり前過ぎてもはやチープさすら漂います。

ただ、ここまで便利になってしまうと、逆に「一太郎（ワープロソフト）で文書を打ち込んで、フロッピーディスクに保存して、プリンタの順番待ちをして印刷していた頃」を、あれはあれで牧歌的で良かったな……なんて懐かしんだりするのですから人間というのは不思議なものです。

2章

OSI参照モデルとTCP/IP基礎編

ネットワークプロトコル

ネットワークを通じてコンピュータ同士が情報をやりとりする手順、これをネットワークプロトコルと呼びます。

たとえば私たち人間は、言葉を使って会話することができます。しかし、この時お互いに用いる言語が異なってしまうと、相手の言っていることは理解できません。英語で話す人に日本語で答えても通じませんよね。それと同じことがコンピュータのネットワークにも言えるのです。

つまりネットワークプロトコルとは、通信を行う手順を定めたものであると同時に、コンピュータ同士が会話するために必要な共通言語でもあると言えるのです。通信を行う手順というところは、身の回りにある電話や手紙に置き換えてみても良いでしょう。どういった手段で、どういった手順を踏んで、どんな言葉で情報を送るか、これらの決め事がプロトコルなのです。

そして、その手段、手順、言葉といった役割ごとに、ネットワークプロトコルは階層構造に区分けされています。これにより、使用するネットワークサービスごとに、それぞれ最適なプロトコルを組み合わせて用いることができるようになっているのです。

関連用語

OSI参照モデル …… 36
TCP/IP …… 38
IP(Internet Protocol) …… 40
TCP(Transmission Control Protocol) …… 42
UDP(User Datagram Protocol) …… 44

ネットワークを通じてコンピュータ同士がやり取りするための約束事を、ネットワークプロトコルといいます。

たとえば私たちが手紙をやり取りする際にも、色んな約束事があるように…、

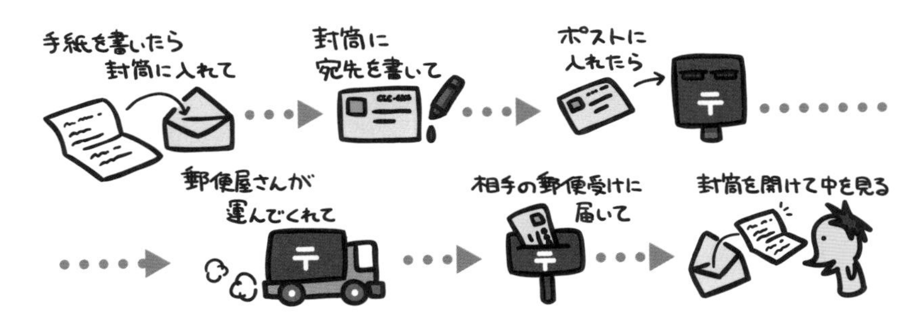

コンピュータがデータをやり取りするのにも約束事があるわけです。

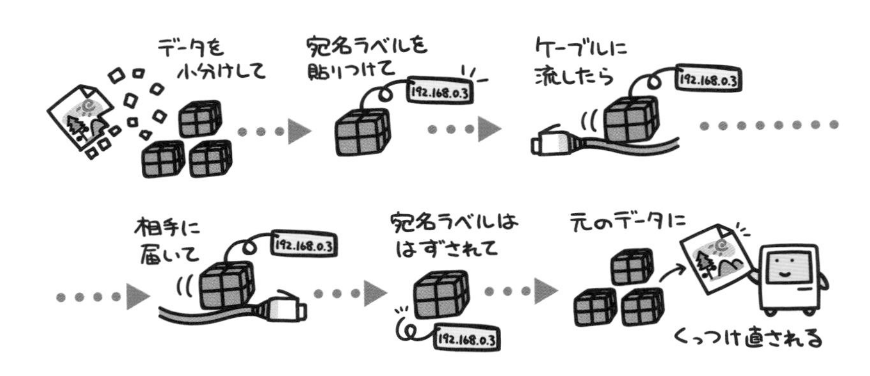

こうした約束事がネットワークプロトコル。用途に応じて様々なものが決められています。

OSI参照モデル

（オー エス アイ）

ネットワークでは、異なる機種同士でも問題なくデータの送受信が行えるよう、相互運用性の実現が重要となります。また、ネットワーク機能の拡張やサービスの追加など、新しいテクノロジを組み込んで、よりネットワークを高度に活用する必要にも迫られます。

このような相互運用性と機能の拡張性を実現するために、ネットワークの基本構造は7つの階層に分けて管理されています。この階層構造のことをOSI参照モデル、もしくはOSI階層モデルと呼びます。

もっとも下層に位置するのが第1層の物理層。この層では物理的なもの、つまりケーブルのピン数や電気特性を定め、送出データの電気的な変換などを行います。次が第2層となるデータリンク層。ここでは、直結された相手との通信路を確保し、データの誤り訂正や再送要求などを行います。続いて第3層がネットワーク層。相手までデータを届けるための経路選択やネットワーク上で個々を識別するためのアドレス管理などを行います。IPアドレスという概念はこの層に位置付けられています。第4層のトランスポート層では、ネットワーク層から流れてきたデータの整列や誤り訂正などを行い、送受信されたデータの信頼性を確保します。TCPやUDPといったプロトコルは、この層に位置付けられています。第5層はセッション層。通信の開始や終了といった通信プログラム同士の接続を管理し、通信経路の確立を行います。第6層はプレゼンテーション層。圧縮方式や文字コードなどを管理し、アプリケーションソフトとネットワークとの仲介を行います。そして最後、第7層のアプリケーション層では、通信を利用するために必要なサービスが、人間や他のプログラムに対して提供されています。

関連用語

ネットワークプロトコル……34
TCP/IP……38
IP(Internet Protocol)……40
TCP(Transmission Control Protocol)……42
UDP(User Datagram Protocol)……44
IPアドレス……50

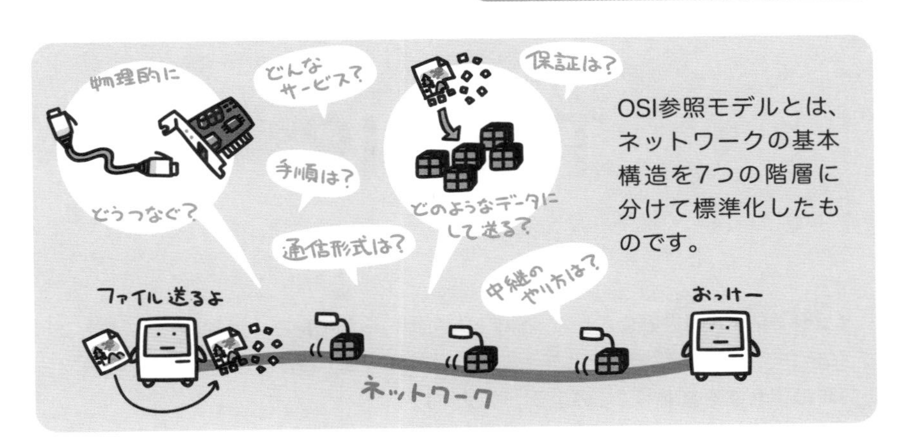

OSI参照モデルとは、ネットワークの基本構造を7つの階層に分けて標準化したものです。

送信元はアプリケーション層から物理層の順にデータを加工していくことで送信を行い、受信側では受け取ったデータを逆の順で加工することによってその復元を行います。

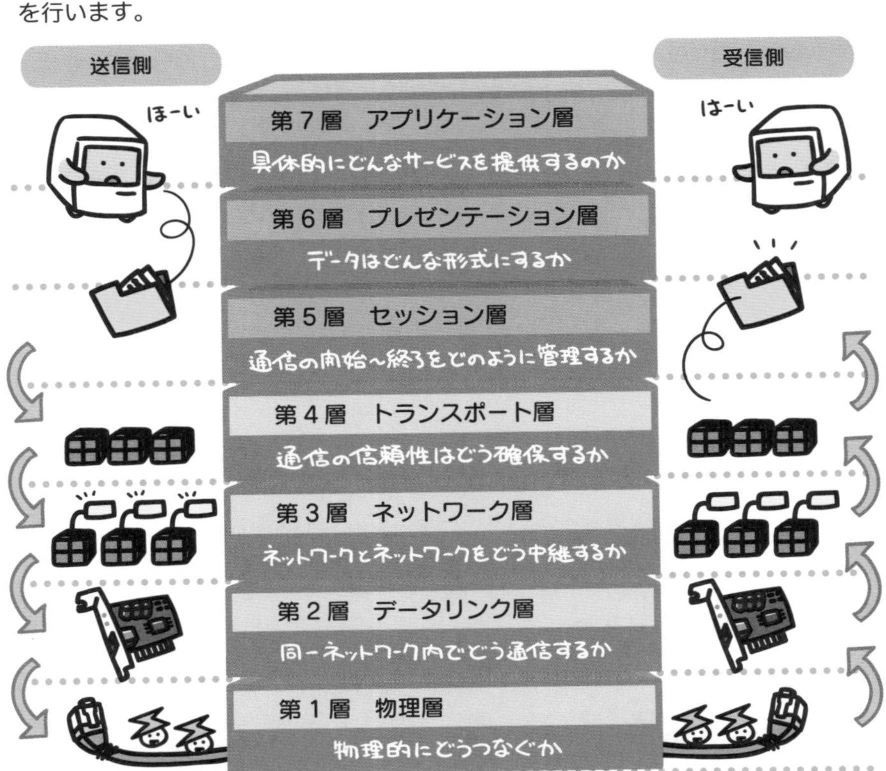

TCP/IP（ティーシーピー/アイピー）

インターネットの世界において、標準として用いられているネットワークプロトコルがTCP/IPです。OSI参照モデル第3層（ネットワーク層）のIPを中心とした、複数プロトコルの集合体を総称してこのように呼びます。

TCP/IPは、主に第4層（トランスポート層）に位置するTCPとの組み合わせによって構成されています。たとえばインターネット上の代表的なサービスであるWWWのHTTPなどは、このプロトコルを基盤として動作しています。

このプロトコルにおいて通信上でやり取りされるデータは、パケットという単位に分けられます。個々のパケットには宛先住所（相手先IPアドレス）が付加されて、これがネットワーク上を、まるでベルトコンベアで流される荷物のように、どんぶらこっこと相手先まで届けられていくわけです。

下位層となるIPは、ネットワーク上における各機器のアドレス割り当てや、そのアドレスをもとにパケットを伝送する役割を持ちます。簡単に言えば、機器の住所を定め、そこまでデータを届けるためのプロトコルというものです。先ほど述べた宛先住所の付加や、ベルトコンベアという役割を担うことになります。

上位層となるTCPは、このパケットの受信確認を行うことで、正しく順番通りにパケットが届けられることを保証します。これによって信頼性の高い、確実なデータ送受信が可能となるわけです。

ただし受信確認やパケットの再送といった手順により、TCPはかなり重めのプロトコルとなっています。そのため、信頼性よりも処理の軽さや速度といった点を重視するUDPというプロトコルも用意されており、用途に応じて使い分けられています。

関連用語

OSI参照モデル……36
IP(Internet Protocol)……40
TCP(Transmission Control Protocol)……42
UDP(User Datagram Protocol)……44
パケット……46
IPアドレス……50
Ethernet……72
WWW(World Wide Web)……174
HTTP(HyperText Transfer Protocol)……198

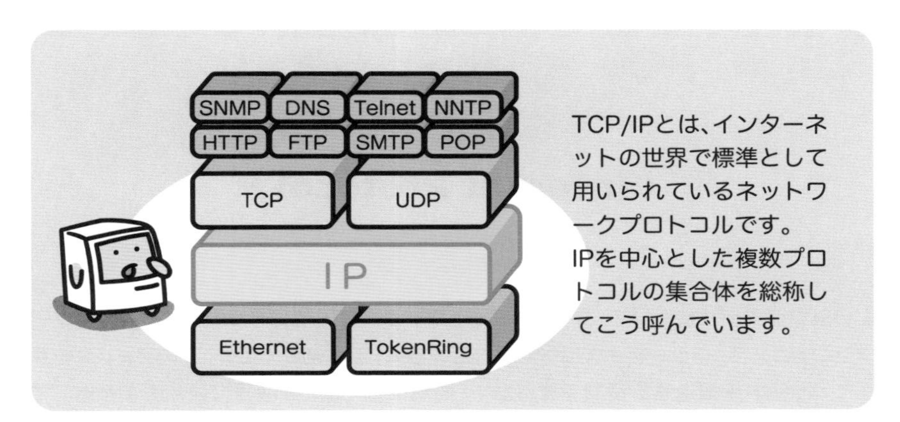

TCP/IPとは、インターネットの世界で標準として用いられているネットワークプロトコルです。
IPを中心とした複数プロトコルの集合体を総称してこう呼んでいます。

基本となるIPでは、各機器を識別するためのIPアドレスという概念と、そのアドレスをもとにパケットを中継して届けるといった役割を担当します。

これに、どのようにパケットを届けるべきかが定義された、上位層のプロトコルを組み合わせることで通信が行われます。

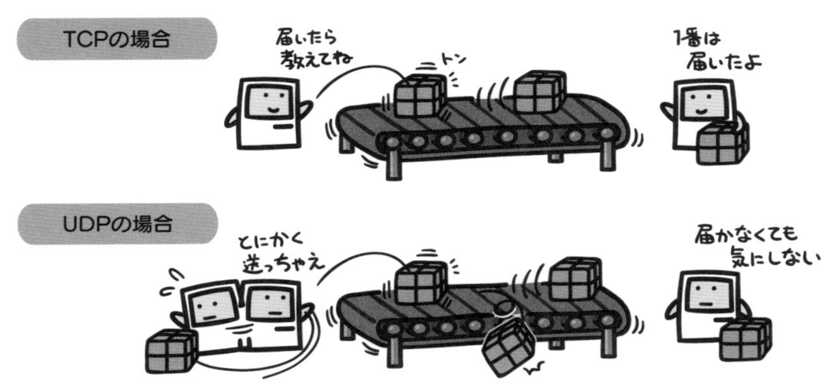

IP（アイピー）
(Internet Protocol)

OSI参照モデルにおいて、第3層のネットワーク層に位置付けられているネットワークプロトコルで、ネットワーク上の機器に対するアドレス割り当てや、そのアドレスをもとにパケットを伝送する役割を持ちます。簡単に言えば、各機器に住所を割り当てて、そこまでデータを送り届けるためのプロトコルというものです。

IPは、送信データとなるパケットをTCPやUDPといった上位層から受け取ると、IPヘッダという情報を付加し、ネットワークへ送り出します。IPヘッダとは、送信元と送信先のIPアドレスを中心とした情報の集まりで、パケットという小包に貼り付けられた荷札のようなものです。ネットワーク上を流れるパケットは、この荷札をもとに正しい宛先へ送られていくのです。

また、IPには経路を選択する方法についても定義されていて、これにより複数のネットワークをまたいだ通信もできるようにしています。実際には、LANと外部のネットワークとを接続する機器であるルータが、このIPの経路選択（ルーティング）をサポートしており、このルータから宛先の属するネットワークのルータへとパケットが送出されていくことで、目的地へ辿り着くようになっているのです。

このような機構によって、世界規模でネットワークを相互に接続したものが、現在広く利用されているインターネットです。

関連用語

OSI参照モデル……36
TCP(Transmission Control Protocol)……42
UDP(User Datagram Protocol)……44
パケット……46
IPアドレス……50
LAN(Local Area Network)……62
ルータ……120
インターネット(the Internet)……168
WWW(World Wide Web)……174
HTTP(HyperText Transfer Protocol)……198

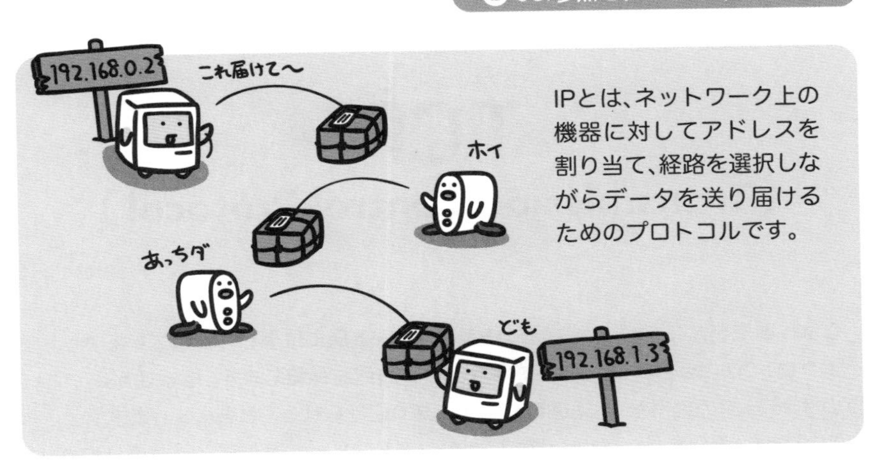

IPとは、ネットワーク上の機器に対してアドレスを割り当て、経路を選択しながらデータを送り届けるためのプロトコルです。

このプロトコルでは、各コンピュータを識別するために、IPアドレスを用います。

パケットにはIPヘッダという荷札が付けられて…

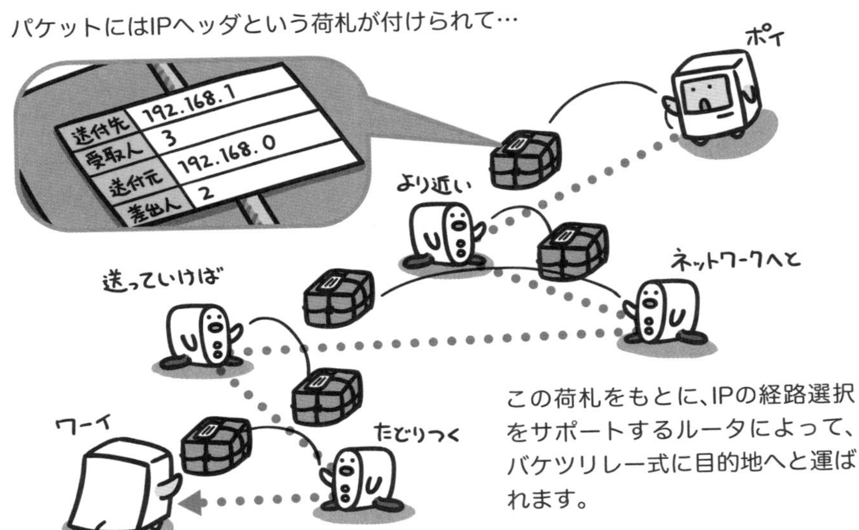

この荷札をもとに、IPの経路選択をサポートするルータによって、バケツリレー式に目的地へと運ばれます。

TCP（Transmission Control Protocol）

ティー シー ピー

2

OSI参照モデルにおいて、第4層のトランスポート層に位置付けられているネットワークプロトコルで、信頼性が高い確実なデータ通信を保証します。信頼性が高いというのは、データの欠損がなく、確実に相手へ送り届けられることを意味します。

TCPでは、第5層（セッション層）以上のプロトコルから通信データを受け取り、これをパケットに分割します。そしてそのパケットを第3層（ネットワーク層）のIPへ渡し、相手に送り届けるのです。

しかし、このパケットが送出した順序通りに送り届けられれば良いのですが、実際にパケットの配送を行うIPでは、そうした保証がありません。そのため、ネットワークの混雑状況によってはパケットの欠損や、遅延による順序の入れ替わりといったことが起こり得ます。

これに対して、TCPではいくつかの手法を用いることで、データ通信に信頼性を持たせています。

まず、通信データをパケットへ分割する際には、分割順に割り振ったシーケンス番号を付加しておきます。受信側ではこの番号をチェックし、必要であれば並び替えを行ってパケットの並びが正しいことを保証します。また、受信側からは必ず受信したことを示す通知パケット（ACKパケット）が送信側へと送り返されます。これによって、送信側では送出したパケットが届いたか否かを判断することができるわけですが、この時一定時間待っても返事がない場合にはパケットを再送出するよう振る舞うことで、欠損を防ぐ仕組みも兼ね備えています。

現在は、このTCPとIPを組み合わせたTCP/IPが主流であり、インターネットにおける各種サービスの基盤として活用されています。

関連用語

OSI参照モデル……36
TCP/IP……38
IP(Internet Protocol)……40
UDP(User Datagram Protocol)……44
パケット……46
インターネット(the Internet)……168

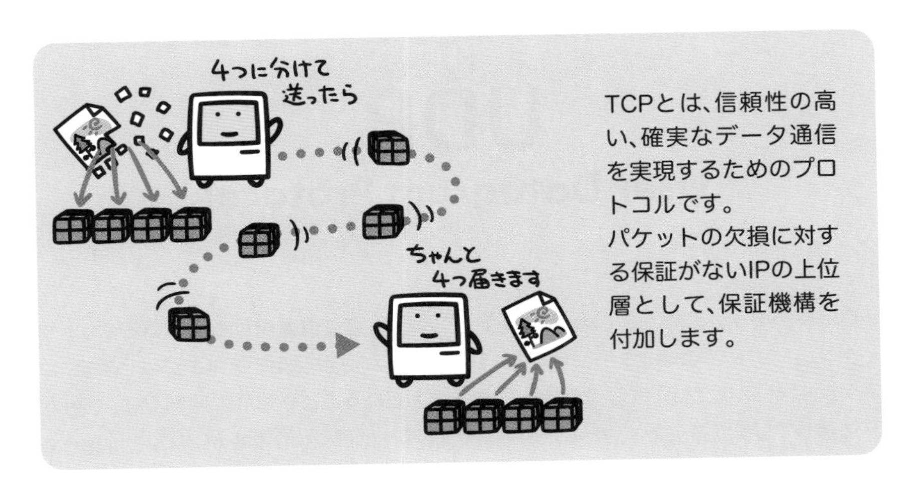

TCPとは、信頼性の高い、確実なデータ通信を実現するためのプロトコルです。
パケットの欠損に対する保証がないIPの上位層として、保証機構を付加します。

TCPで送るパケットには、分割した順に番号が割り振られています。

パケットを受け取った側は、その証としてこの番号を送り返します。

このようにTCPでは、パケットごとに受信確認が行われることで、通信の信頼性が保たれるようになっているのです。

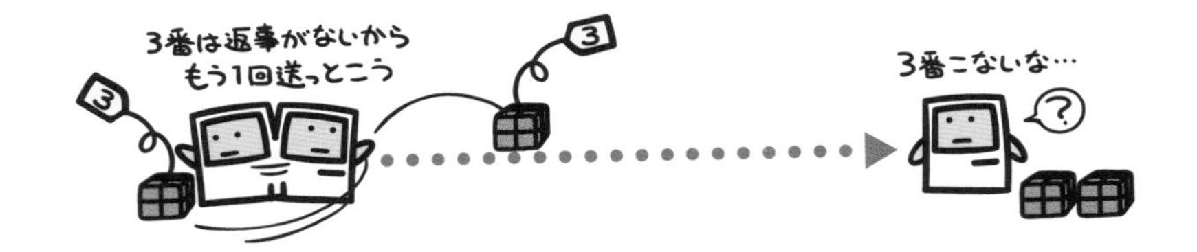

UDP
ユー ディー ピー

(User Datagram Protocol)

2

OSI参照モデルにおいて、第4層のトランスポート層に位置付けられているネットワークプロトコルで、コネクションレス型（データグラム型）の通信機能を提供します。コネクションレス型とは、情報を今から送りますよということを相手に通知せず、いきなり送信してしまう方法です。そのため通信の信頼性は低くなりますが、TCPとは違ってプロトコル自体の処理が軽く済むため、高速であるという特徴を持ちます。

UDPは第3層（ネットワーク層）のIPを、第5層（セッション層）以上のプロトコルから直接使えるようにするための橋渡し役と言えます。ここでは上位層のアプリケーションから受け取ったデータを、パケットに分割してIPによって送出するだけ。TCPのように受信確認を行ったりということはしません。当然のことながら、パケットが届いたかは送信側ではわかりませんし、実際にネットワークの状況によっては届かないということも起こり得ます。

そうした信頼性で劣る面と処理の軽さとを天秤にかけて、主に小さなサイズのパケットをやり取りするだけで済んでしまうアプリケーションや、時間的連続性が重要となるアプリケーションで利用されているプロトコルです。前者はたとえばDNSやDHCPといったサービスであり、後者は音声通話や動画配信など、多少音がブツブツいったとしても時間的な連続性が重要視されるアプリケーションです。

関連用語

OSI参照モデル……36
TCP/IP……38
IP(Internet Protocol)……40
TCP(Transmission Control Protocol)……42
パケット……46

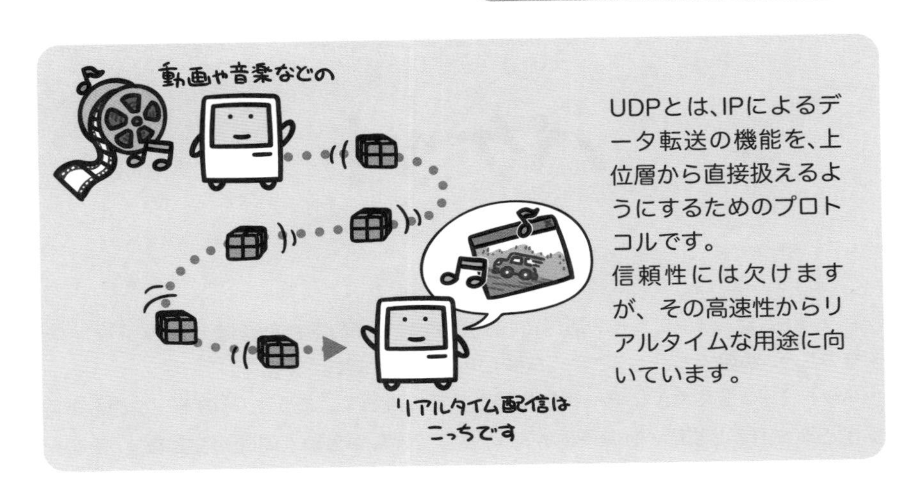

UDPとは、IPによるデータ転送の機能を、上位層から直接扱えるようにするためのプロトコルです。
信頼性には欠けますが、その高速性からリアルタイムな用途に向いています。

UDPでは、単純にパケットを送りつけることしか行いません。

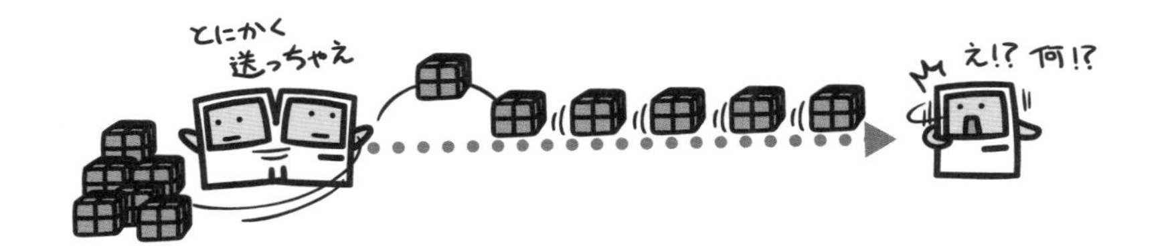

そのため、途中でパケットが紛失されたとしても知らんぷりです。

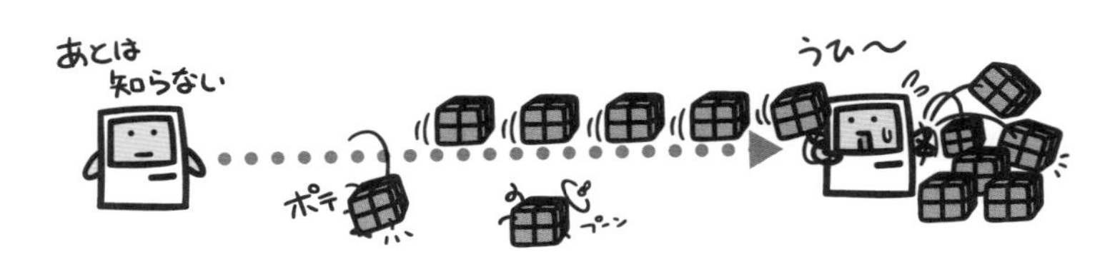

しかし動画配信のように、途中のコマ落ちよりもリアルタイムであることが重視される用途には有効なプロトコルです。

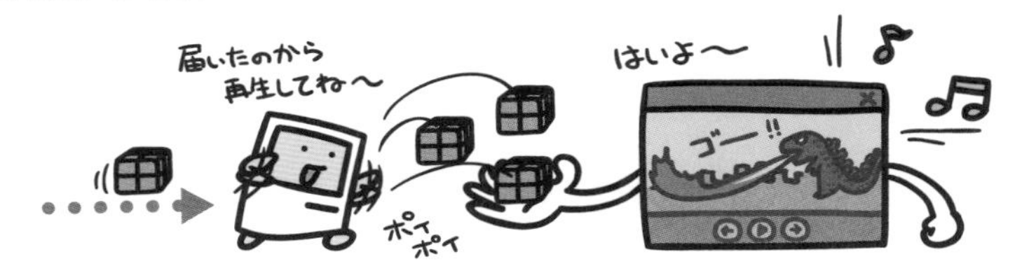

パケット

パケットとは、コンピュータ通信において、小さく分割された通信データのひとかたまりのこと。小包（packet）という意味からこう呼びます。

ネットワーク上を大きなデータが分割されずに流れてしまうと、そのデータのみで回線が占有されてしまい、他の機器が一切通信できないという問題が生じます。そのため通信データをパケットという単位に小さく分割し、ひとつひとつの占有時間を微少にすることで、回線を共有できるようにするわけです。このようにデータをパケットに分割して送受信する通信のことを、パケット通信と言います。

パケットには必ず送信元や送信先のアドレスといった属性情報が付加されています。この情報は小包に貼り付ける荷札のようなもので、この荷札をもとにパケットは正しい宛先へとネットワーク上を運ばれていきます。

この時パケットには、そのパケットが使用するネットワークプロトコルについても情報が付加されています。これによって、複数のネットワークプロトコルが、同一のネットワーク回線上であっても、混在した状態で利用できるようになっているのです。

お客さま（アプリケーション）が運びたい荷物（通信データ）を小さな小包（パケット）に分割し、小包には紛失しないよう荷札をつける。この時、荷札にはその小包の配送を担当する業者（ネットワークプロトコル）指定のものを利用する。そんなイメージを想像するとわかりやすいでしょう。

関連用語

ネットワークプロトコル……34　IPアドレス……50

パケットとは、コンピュータ通信において通信データを小さく分割したひとかたまりのことです。
小包(packet)という意味からこう呼びます。

通信路上を1秒間に流せるデータ量は、ネットワークの規格ごとに決まっています。

そのため大きなデータをそのまま流してしまうと、それ以外のコンピュータはその間一切通信が行えません。

これを避けるために、データを小さなパケットに小分けして流し、通信路を共有できるようにしているのです。

ノード

ネットワークに接続されているネットワーク機器や、ネットワークの接続ポイントを総称してノードと呼びます。ネットワークに接続されたコンピュータはもちろん、集線装置であるハブ、ネットワーク間を接続するルータなどもすべて「ノード」です。

ノード（node）という言葉を辞書で引くと、「集合点」「節」といった意味を持つことがわかります。つまり、ネットワークケーブルの接続点や分岐部分といった箇所がノードという意味になるわけです。実際にはネットワーク上に接続されている機器といった意味合いで利用されていることがほとんどなので、たとえば10ノードと言った場合には、ネットワーク上に10台の機器が接続されているということを示します。そのため、「ネットワーク上に存在する機器」はすべてノードだと覚えてしまえば良いでしょう。

ネットワークの用語をひもといた時には必ず目にする言葉であり、耳慣れないために難解な印象を受ける用語の1つでもあります。しかし、ネットワーク上でパケットをやり取りするのはコンピュータに限らず、ハブやルータといった機器に対してもやり取りがなされるために、それらを総称する言葉として用いているにすぎません。

「ノード間でパケットを送受信する」と言った場合には、ネットワーク上の機器間でパケットがやり取りされるという意味ぐらいに捉えれば良いでしょう。

関連用語

パケット……46
リピータ……116
ブリッジ……118
ルータ……120
ハブ……122
スイッチングハブ……124
モデム……126

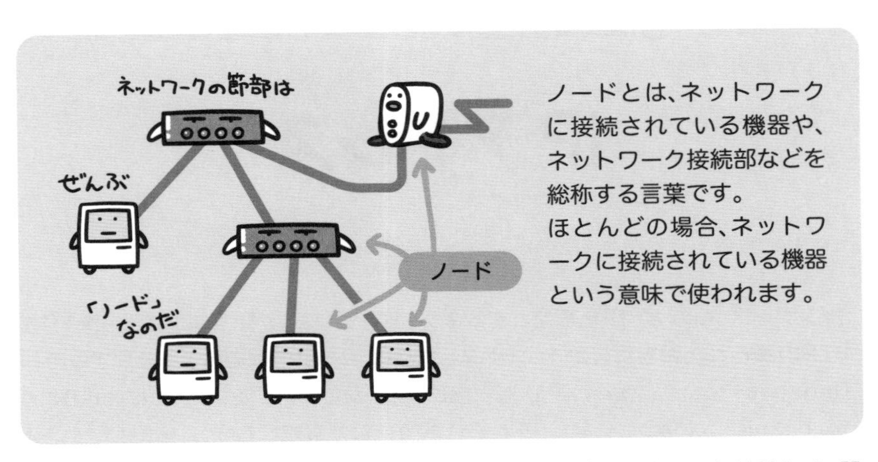

多くの場合、ネットワークでは直接コンピュータ同士が対話することは珍しく、間に何らかの機器が介在することになります。

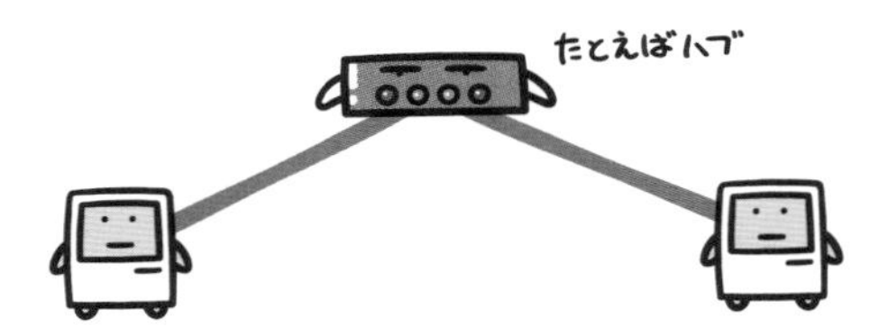

すると通信パケットは、直接コンピュータ間で受け渡しが行われるのではなく、双方のコンピュータとハブとの間で行われるわけです。

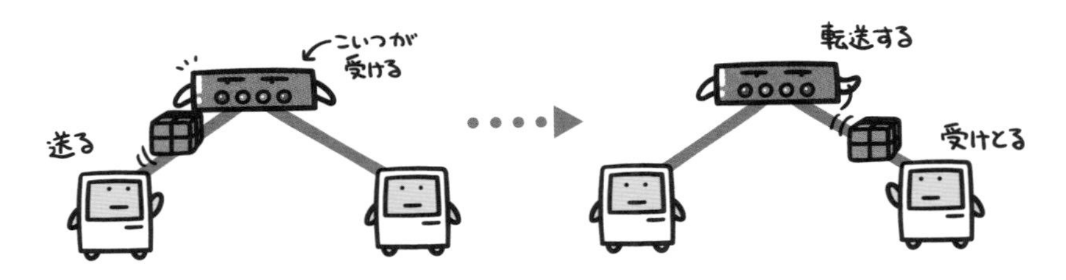

ノードとは、こうした雑多な機器が混在するネットワーク環境において、それらを一口で言い表すための総称なのです。

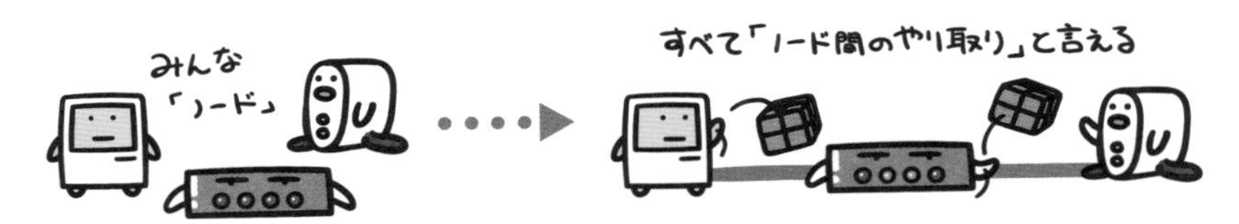

IPアドレス

（アイピー）

インターネットなど、IPを基盤とするネットワークにおいて、各コンピュータ1台ずつに割り振られた識別番号がIPアドレス。現在は、32bitの数値により表現するIPv4（Internet Protocol version 4）が一般的です。ただし、数値のままではわかりにくいので、8bitごとの4つに分割し、それぞれを10進数で表記して、192.168.0.1というように記述します。

この番号はネットワーク上の住所を示すようなものです。私たちが普段用いている宛名表記を、コンピュータ用にデジタルの数値として表したものと思えば良いでしょう。実際、IPアドレスの内容はネットワークごとに分かれる「ネットワークアドレス」部と、そのネットワーク内におけるコンピュータを識別するための「ホストアドレス」部との組み合わせで構成されます。これは、宛名表記で言うところの住所と名前に相当するものです。

ネットワーク上を流れるパケットには、必ず送信元と送信先のIPアドレスが属性情報として付加されます。これは小包に貼り付けられた荷札のようなもので、この荷札に記載された宛先、つまりIPアドレスの持ち主に対してパケットは送り届けられるのです。

このように、通信を行う際に相手を特定するため必須となる番号ですから、当然個々のコンピュータに割り振られる値が重複してはいけません。しかし32bitの値で表現することから自ずと表現できる値の範囲が決まってしまい、この数が足りなくなるかもしれないといった懸念が常に付随しています。そのため現在は、これと併用しながら、128bitの値で表現するIPv6への移行が進められています。

関連用語

IP(Internet Protocol) …… 40
パケット …… 46
プライベートIPアドレス …… 84
グローバルIPアドレス …… 82
インターネット(the Internet) …… 168
IPv6(Internet Protocol Version 6) …… 58

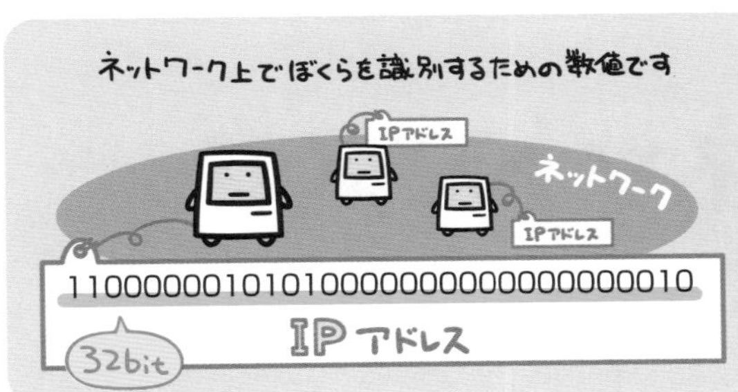

IPアドレスとは、ネットワーク上で各コンピュータを識別するために割り当てる個別の数値。32bitの数値を用いるもの(IPv4)が一般的です。

32bitの数値そのままではわかりにくいので、表記する際は、8bitずつの固まりに4分割して、それぞれを10進数に置き換えてあらわします。

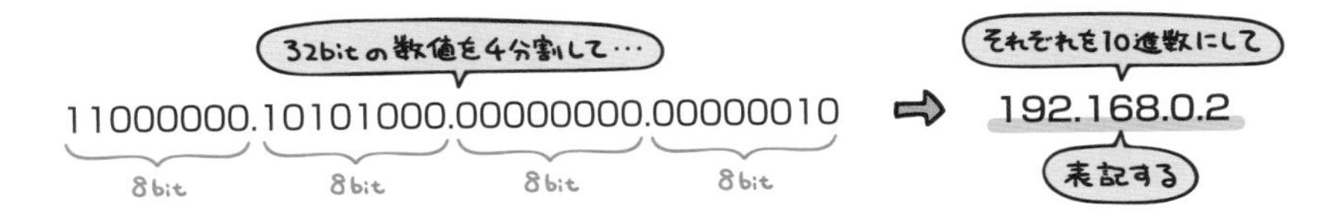

ネットワークでデータをやり取りするには、このIPアドレスを宛先として使用します。

IPアドレスの内容は、ネットワークを識別するためのネットワークアドレスと、その中でコンピュータを識別するためのホストアドレスとに分かれます。

サブネットマスク

ネットワークが大規模なものになってくると、単一のネットワークとして管理することが事実上難しくなってきます。特に、ブロードキャストというネットワーク全体に向けて発信するデータ転送が生じた場合、本来必要のない範囲まで無駄に回線を使ってしまうことになるため、ネットワーク全体の効率悪化は避けられません。

そこで、たとえば事業所や事業部といった単位でネットワークを論理的に分割することができれば、こうした弊害は回避できます。これがサブネット。本来単一であるはずのネットワークを小さな単位に分割したものを指します。

サブネットマスクとは、このサブネットを表現するための値で、IPアドレスの上位何bitまでをネットワークアドレスとして使用するか定義するために用います。IPアドレスとはネットワークを識別するネットワークアドレス部と、そのネットワーク上のコンピュータを識別するホストアドレス部に分けることができます。サブネットマスクによって、このホストアドレス部分の数bitをネットワークアドレス部と定義しなおすことにより、単一のネットワーク配下をサブネットとして区切ることができるのです。

たとえば172.16.0.0～172.16.255.255という範囲のIPアドレスを用いるネットワークでは、上位16bitまでがネットワークアドレス部にあたります。これに対して255.255.255.0というサブネットマスクを指定すると、上位24bitまでをネットワークアドレスとして定義したことになります。これによって、172.16配下のネットワークは、172.16.0～172.16.255という256個のサブネットに分けられるのです。

関連用語

IPアドレス……50　プライベートIPアドレス……84

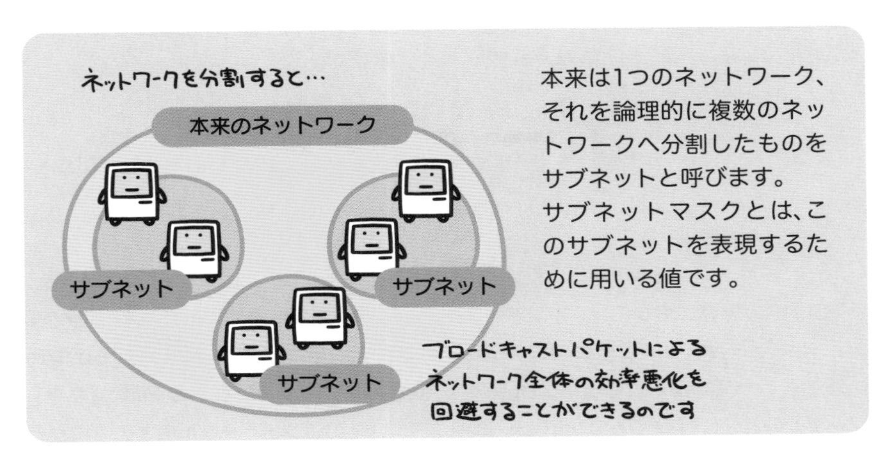

サブネットマスクは、各ビットの値によって(1がネットワークアドレス、0がホストアドレス)、IPアドレスのネットワークアドレス部とホストアドレス部とを再定義することができます。

たとえばクラスB(先頭16ビットがネットワークアドレス)のネットワークに前述のサブネットマスクを適用すると、ネットワークを256個に分割することができます。

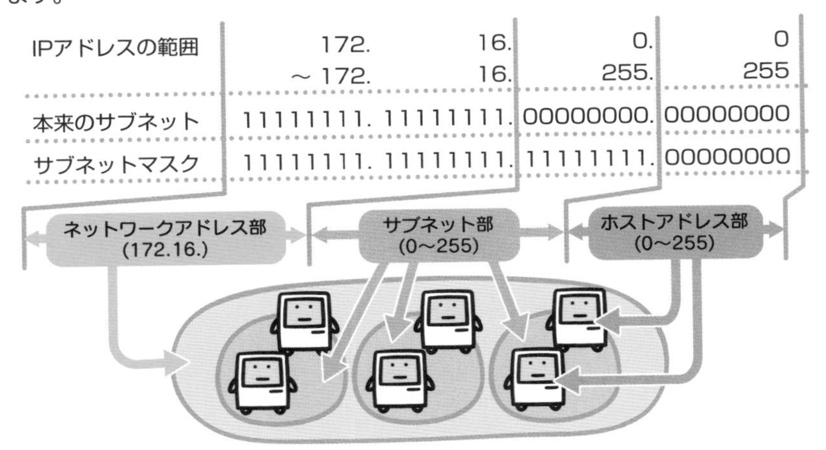

ポート番号

2

TCP/IPの世界においては、IPアドレスをもとに通信を行います。それは良いのですが、コンピュータ上では複数のプログラムが動いているのが当然であり、それらが同時に通信を行っていることも日常茶飯事です。しかしIPアドレスでわかるのは、「ネットワーク上のどこに存在するコンピュータか」まで。「そのコンピュータ上のどのプログラムへ届けるパケットか」まではわかりません。

そのために用いるのが、ポート番号です。

ポートというのは接続口という意味に捉えれば良いでしょう。ネットワークに対する接続口として、ポート番号には0～65,535までの数値を適用することができます。プログラムはネットワーク上で通信を行う場合、その接続口としてポートを開き、目的とする相手先IPアドレスのポートに向けてパケットを送信したり、受信したりすることになるのです。

私たちが普段利用しているインターネット上のサービス、たとえばWWWであったり電子メールであったりですが、これらを利用する際にも実はポート番号を指定して、相手サーバとやり取りを行っています。実際には、TCP/IPにおいてはプログラム(サービス)ごとにデフォルトとなるポート番号が決められていて、通常はそのポート番号を用いて通信を受け付けています。そのため、通信の度にポート番号まで指定するという手間は省かれていることが多く、私たちが普段意識することはあまりありません。

そのような理由から、通信に必須の番号でありながら非常に影の薄いポート番号。しかしその正体は、必ずIPアドレスと1セットで用いられる、重要な重要な番号なのです。

関連用語

クライアントとサーバ……16
TCP/IP……38
パケット……46
IPアドレス……50
インターネット(the Internet)……168
WWW(World Wide Web)……174
電子メール(e-mail)……184

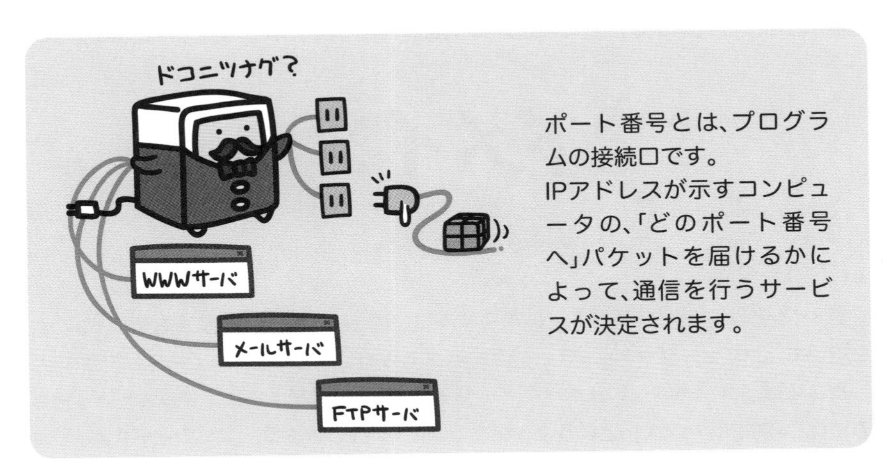

ポート番号とは、プログラムの接続口です。
IPアドレスが示すコンピュータの、「どのポート番号へ」パケットを届けるかによって、通信を行うサービスが決定されます。

通常、コンピュータ上では複数のプログラムが動いています。

したがってIPアドレスでは、宛先となるコンピュータは特定できても、その上のプログラムまでは特定できません。

そこで、プログラム側では0 ～ 65,536までの範囲で自分専用の接続口を設けて待っています。

この番号が「ポート番号」なのです。

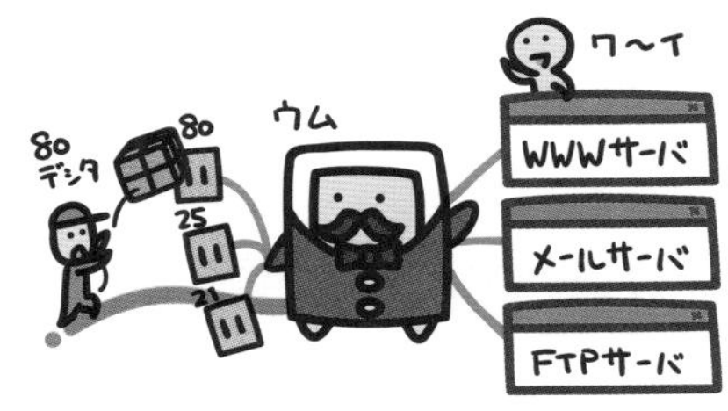

ドメイン

ドメインとは、インターネット上に存在するコンピュータの所属を示すものです。これを用いてコンピュータやネットワークの住所をあらわしたものをドメイン名と呼びます。

たとえばインターネットのホームページアドレスや、電子メールアドレスといったものには、必ずgihyo.co.jpというような文字列が付いています。この部分がドメインで、「そういった組織に属している」という意味を持ちます。

ネットワーク上の住所と言うとIPアドレスが思い浮かびますが、ドメイン名とはIPアドレスと対になるものです。IPアドレスは数字の羅列ですので表記そのものに意味を持たず、非常に覚えにくいものでした。そのため、これを人間に覚えやすい表記によってあらわしたものがドメイン名なのです。

たとえば、本書の発行元である技術評論社のホームページは、104.20.37.67というIPアドレスを持つコンピュータ上で公開されています。本来であれば、このIPアドレスを指定してホームページを閲覧することになるわけです……が、覚えづらいですよね。しかも、指定した値が間違っていた場合、いったいどの番号が間違っていたかというのも、ぱっと見ではなかなか判別しづらい。

そこでドメイン名。上記の例で言えば、www.gihyo.co.jpというドメイン名が104.20.37.67というIPアドレスと対応付けられています。これによって分かりづらい数字の羅列ではなく、意味を持った文字列によりアドレスを指定することができるわけです。

人間に覚えやすい表記を用いてネットワーク上の住所をあらわすという特徴から、ドメイン名は実際の住所をあらわすのにも似た階層構造を持っています。「.」で区切られた右端から順に広い範囲の所属をあらわしており、jpの部分が国、coの部分が組織の種類、gihyoの部分が組織の名前、そしてwwwがコンピュータ名をあらわしています。

つまり、これで意味としては「日本の企業でgihyo(技術評論社)という組織にあるwwwという名前のコンピュータ」ということになるわけです。

関連用語

クライアントとサーバ …… 16
IPアドレス …… 50
インターネット(the Internet) …… 168
WWW(World Wide Web) …… 174

ドメインとは、インターネット上の所属を示すものです。これを用いてコンピュータの住所をあらわしたものをドメイン名と呼びます。

コンピュータの住所を示すものとしては他にIPアドレスがありますが、ドメイン名はこのIPアドレスを人間にとって覚え易い表記としたものです。

ドメイン名は、実際の住所にも似た階層構造を持っています。

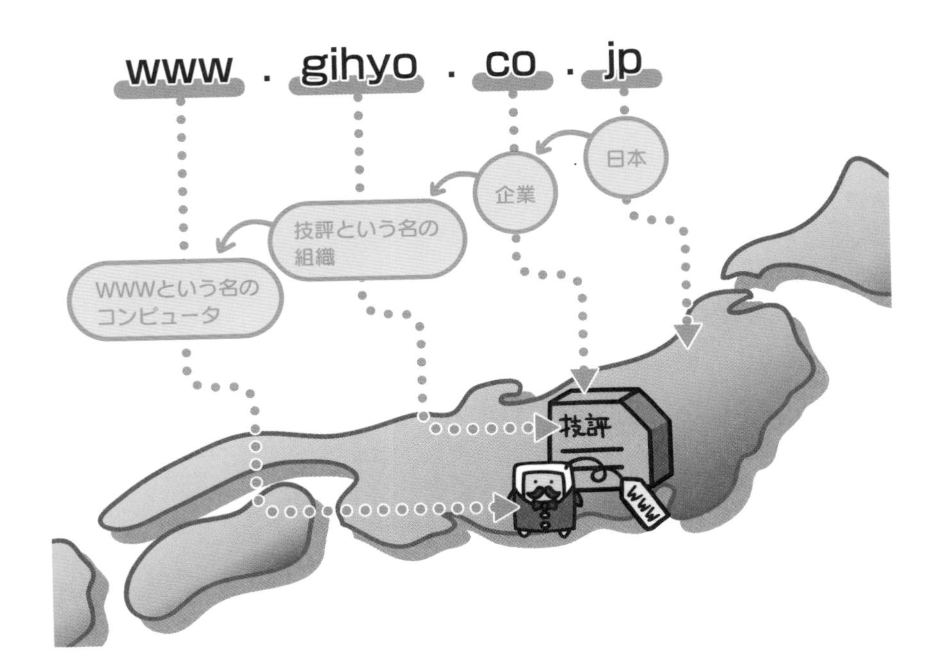

アイ ピー ブイシックス
IPv6
(Internet Protocol Version 6)

Internet Protocol Version 6の略で、TCP/IPネットワークにおいて利用されている第3層（ネットワーク層）のプロトコル、IPの後継規格にあたります。

IPv6ではIPアドレスを128bitの数値によって表現します。これでいくつの数値を表現することができるかというと、約340澗（かん）個、1兆の1兆倍の1兆倍よりも大きい、実質無限といって良い個数です。

現在いまだに広く用いられているIPはVersion 4のものであり、IPv4とも呼ばれています。このプロトコルでは32bitの数値によってIPアドレスを割り当てるため、表現できる個数は約43億個です。決して少なくはない数ですが、全世界の人口を対象と考えた場合、十分な数であるとは言えません。そこで、この問題に対処すべくIPv6が登場しました。

全世界の人口よりはるかに大きい、このように広大な個数にした理由は、IPv6ではコンピュータのネットワークに留まらず、各種家電製品にもIPアドレスを付加して、相互に接続できる環境を考慮したためです。これによって家電を含むあらゆる機器が相互に接続され、コントロール可能になる世界を実現しようとしているのです。

次世代ということもあり、IPv6では他にも様々な見直しが図られています。膨大な個数となるIPアドレスの管理に関しては、その数値に対して電話番号さながらに階層構造を持たせることで、現在のIPv4よりも逆に管理の手間を削減しています。また、IPレベルに暗号化/復号化機能を持たせることでセキュリティにも留意し、通信上で付加されるヘッダ構造の見直しを図るなどにより通信の効率化も行われています。

関連用語

TCP/IP …… 38
IP(Internet Protocol) …… 40
IPアドレス …… 50
インターネット(the Internet) …… 168

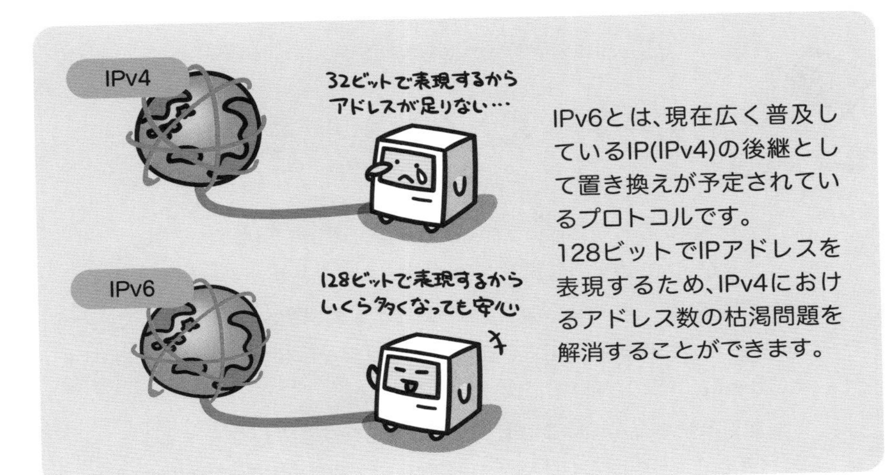

IPv6とは、現在広く普及しているIP(IPv4)の後継として置き換えが予定されているプロトコルです。
128ビットでIPアドレスを表現するため、IPv4におけるアドレス数の枯渇問題を解消することができます。

IPv6の世界では、実質無限大とも言える個数のIPアドレスを発行することができます。

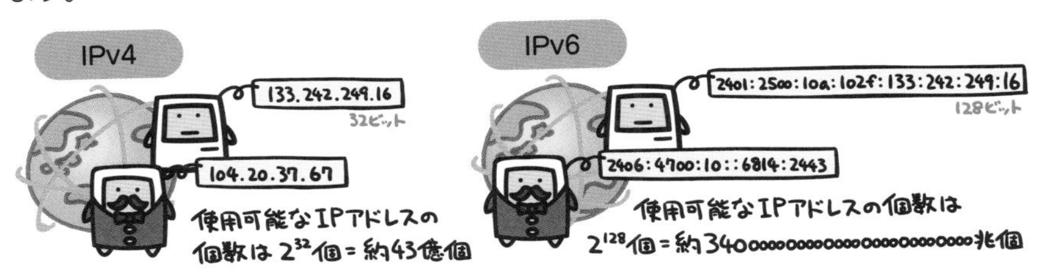

家電を含むあらゆる機器にIPアドレスを割り当てて、それらをコントロール可能にする環境も想定しているのです。

IPv6は少しずつ普及が進みつつありますが、IPv4との間に互換性がないため、簡単に切り替えることができません。そのため今は移行期として、両者を共存させるための手法が様々用いられています。

column

そもそもさんとOSI参照モデル

ネットワークのお勉強というと、必ず出てくるのがOSI参照モデル。

ところが、プログラマとして未経験ながらもなんとかかんとか働いていた初期の頃、これを知らなくて困ったことって正直ありませんでした。そのくせ真っ先に説明が出てきて毎回わけがわからなくなる。「なんじゃこりゃ」というのが嘘偽りない気持ちでした。

しかし技術者さんにはこのモデルをとても好きな方が存在するようで、「そもそも～」なんて語りが大好きな人に質問をすると、OSI参照モデルを引き合いに出して語られることがよくありました。「そもそも物理層に位置する○○が○○することによって～」みたいな感じ。いや、僕は今この目の前にあるパソコンがなぜ通信できなくなっているのか、もっと身近な具体例で知りたくて……と涙目。

その後、ファイルなどの電子データが、どのようにバラされて、電気信号として伝えられるのか、その過程がイメージできるようになってからは、このモデルの意味というか意義というか、そんなことも徐々にわかるようになっていきました。こうやって階層ごとに切り分けられていることで、色んなプロトコルが差し替え可能になるんだな～ってね。

でも！でもなんですよ！

どうもこう、OSI参照モデルが出てくると、どの文献も妙に堅くて大上段から解説したものばかり。パケットやLANケーブルなどとの結びつきも今ひとつ把握できなくて、なんかお堅い数学の公式を目の前につきつけられたような、なんとも言えない居心地の悪さを感じてしまうわけですよ。

そんなわけで、本書では階層ごとに噛み砕かれていく過程を絵であらわして各層と結びつけるようにしています。少しは取っつきづらさが解消できてるんじゃないかなぁなどと思うのですが、いかがでしょう。

3章

ローカル・エリア・ネットワーク編

LAN（ラン）
（Local Area Network）

LANはローカル・エリア・ネットワークの略。事業所やビル内といった比較的狭い範囲のコンピュータを、専用のケーブルで接続してネットワーク化したものを示します。現在では家庭でもこうしたネットワークを構築する例は多く、家庭内LANやホームネットワークといった言葉で表現されたりもします。

LANには接続の形態によってスター型、バス型、リング型という3つの種類が存在し、その通信を制御する方法にもEthernet、FDDI、Token Ringなどといった種類があります。現在ではEthernetによるスター型LANが主流となっています。

LANを利用することのメリットは、複数台あるコンピュータの有効活用という点にあります。

LANが構築されていない、つまりネットワーク化されていない環境では、コンピュータ同士で直接データのやり取りをする術がありませんでした。作成した文書は一旦フロッピーディスクなどに移し、それを他のコンピュータに持っていって読み込ませる必要があったのです。

LANが構築されている環境では、こうした不便さはすべて解消されます。

文書や画像に限らず、コンピュータ上の電子データはすべてLANを通じて相互にやり取りできるようになり、プリンタやDVD-R/RWドライブといった周辺機器も、ネットワークを介して他のコンピュータから扱えるようになります。

こうしたメリットから、複数台のコンピュータを利用している環境では、オフィスや家庭といった枠に関係なくLANが利用されるようになっているのです。

関連用語

ネットワークトポロジー……64
スター型LAN……66
バス型LAN……68
リング型LAN……70
Ethernet……72
Token Ring……74

LANでつながれたコンピュータの間では、自由に情報をやり取りすることができます。

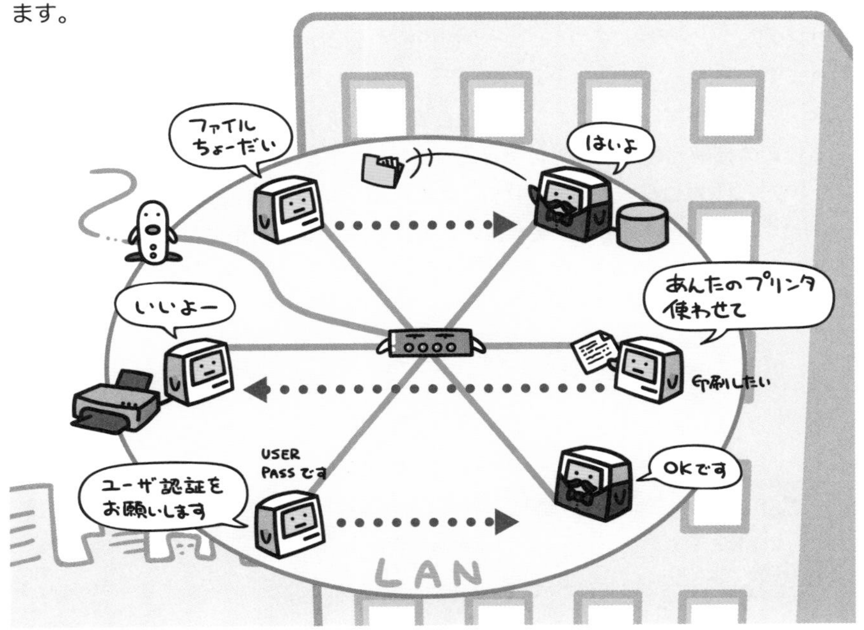

ネットワークトポロジー

ネットワークトポロジーとは、「コンピュータをネットワーク化する場合の接続形態」という意味を持ちます。コンピュータがどういった形態で接続されるのかを示す用語です。

LANの接続形態としてはスター型、バス型、リング型の3つがあり、これらが代表的なネットワークトポロジーということになります。

スター型LANはハブと呼ばれる集線装置にすべてのコンピュータを接続する形態で、Ethernetの10BASE-Tや100BASE-TX、1000BASE-Tにおいてよく用いられる形態です。

バス型LANは1本のケーブルにすべてのコンピュータを接続する形態で、そのケーブル両端にはターミネータと呼ばれる終端装置がついています。この方式はEthernetの10BASE-2や10BASE-5において用いられます。

リング型はリング状に各コンピュータを接続する形態で、Token Ringにおいて用いられます。

ネットワークトポロジーとは、こうした各種接続形態を総括して述べる言葉であり、ある特定の接続形態を示すものではありません。たとえば「そのLANはどういったネットワークトポロジーで構成されていますか?」という使用法は適切ですが、「このLANはネットワークトポロジーで構成されています」という使用法だと、適切ではありません。

関連用語

スター型LAN …… 66
バス型LAN …… 68
リング型LAN …… 70
ハブ …… 122
Ethernet …… 72
Token Ring …… 74

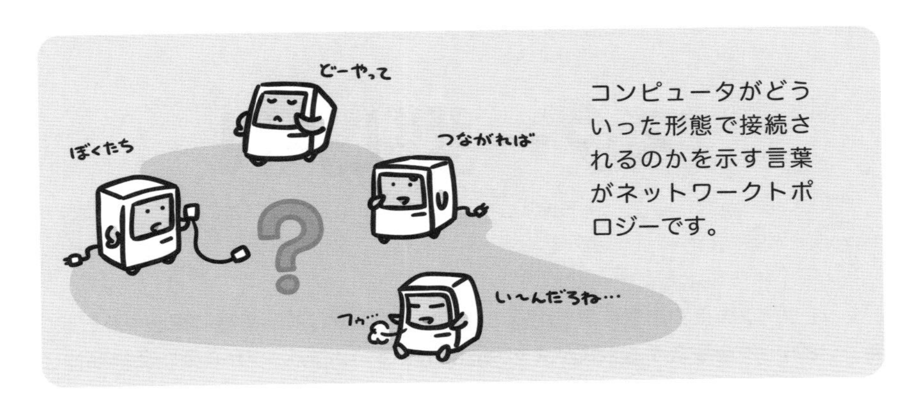

コンピュータがどういった形態で接続されるのかを示す言葉がネットワークトポロジーです。

次の３つが代表的なトポロジーです。

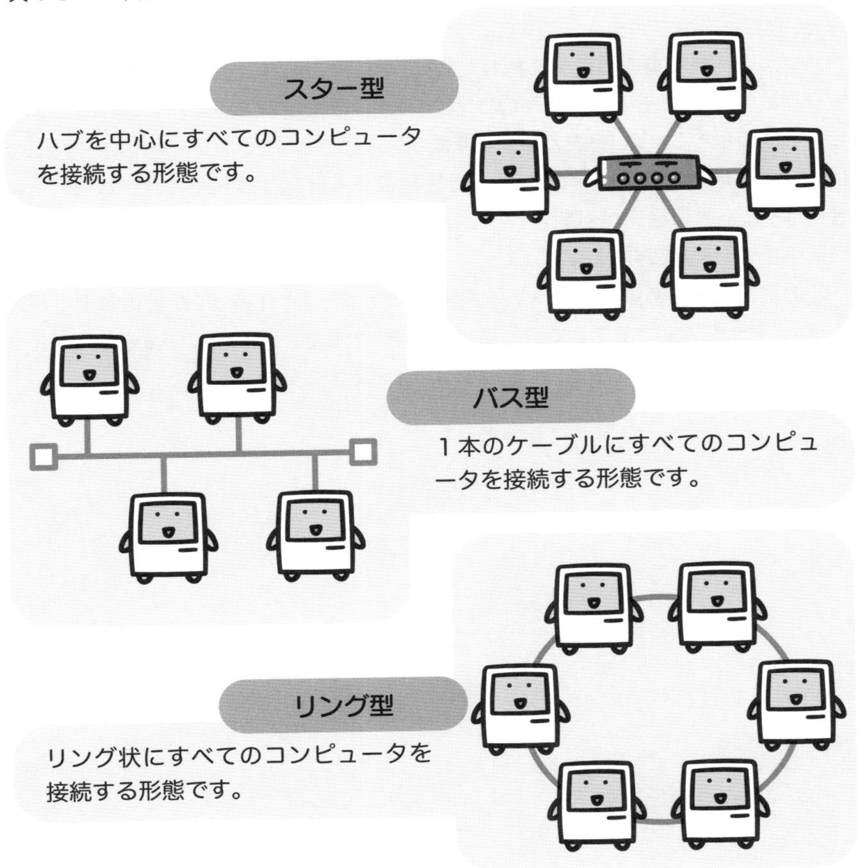

スター型

ハブを中心にすべてのコンピュータを接続する形態です。

バス型

１本のケーブルにすべてのコンピュータを接続する形態です。

リング型

リング状にすべてのコンピュータを接続する形態です。

スター型LAN（ラン）

ネットワークの接続形態を示す用語の1つで、ハブと呼ばれる集線装置を中心として各コンピュータを接続する方式がスター型LANです。中心のハブから星状に線が伸びていくことから、この名前が付いています。

Ethernetの10BASE-Tや100BASE-TX、1000BASE-Tにおいてよく用いられる形態で、現在はこの方式が主流です。

ハブが通信を中継する役割を持つために、ネットワークに接続されているコンピュータが故障しても、その障害が他のコンピュータにまで及ぶことはありません。その場合でも故障したコンピュータだけが切り離された状態となり、ネットワーク全体としては正常に通信を行うことができるという特徴を持ちます。ただし、ハブが故障した場合にはそこで通信経路が遮断されることになるため、この場合はネットワーク全体が通信不良を引き起こすことになります。

他の接続形態であるバス型やリング型のネットワークと比較して配線の自由度が高く、ハブ同士を連結することで階層構造を作ることもできます。そのため、この方式ではネットワーク全体を階層化して管理することができます。

関連用語

ネットワークトポロジー …… 64
バス型LAN …… 68
リング型LAN …… 70
ハブ …… 122
Ethernet …… 72

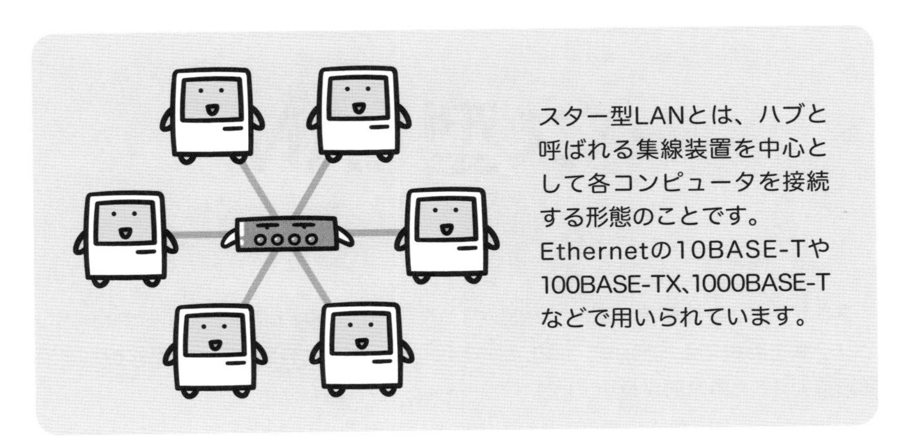

ハブ同士を連結することで、ネットワークを階層化して管理することができます。

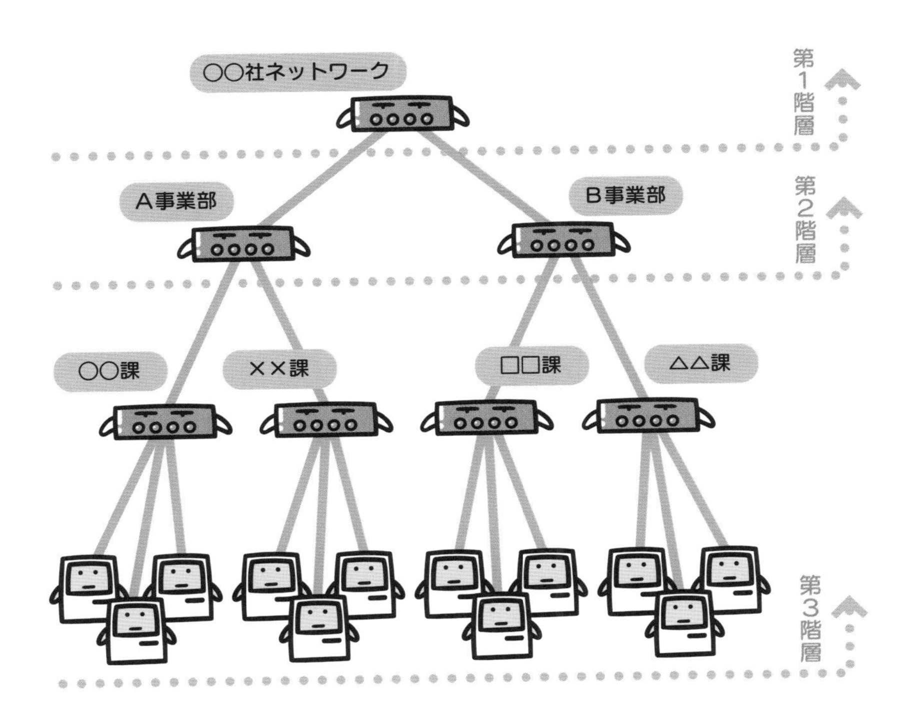

バス型LAN（ラン）

ネットワークの接続形態を示す用語の1つで、バスと呼ばれる1本のケーブルにコンピュータを接続する方式がバス型LANです。1本のバスに各コンピュータが接続される形態から、この名前が付いています。

Ethernetの10BASE-2や100BASE-5において用いられる形態で、ケーブルの両端にはターミネータと呼ばれる終端装置が取り付けられています。これはバス内を通過する信号が、両端で反射して雑音となってしまうことを防ぐためのものです。

この方式では、バス上を流れるパケットはすべてのコンピュータに届けられ、本来の宛先以外となるコンピュータではそのパケットを破棄します。パケットを中継する必要がないために、バスに接続されたコンピュータが故障しても、他のコンピュータに対して影響を与えることはありません。

ただし、接続されるコンピュータの台数が増えてくると、通信量の増加にともなって「コリジョン」というパケットの衝突が発生するようになります。この場合、Ethernetでは適当な時間を空けてパケットを再送することになりますが、あまりにもコリジョンが多発してしまう場合にはネットワークの効率が悪化しすぎるため、実用に耐えがたいものとなります。

関連用語

ネットワークトポロジー……64
スター型LAN……66
リング型LAN……70
Ethernet……72
コリジョン……132
パケット……46

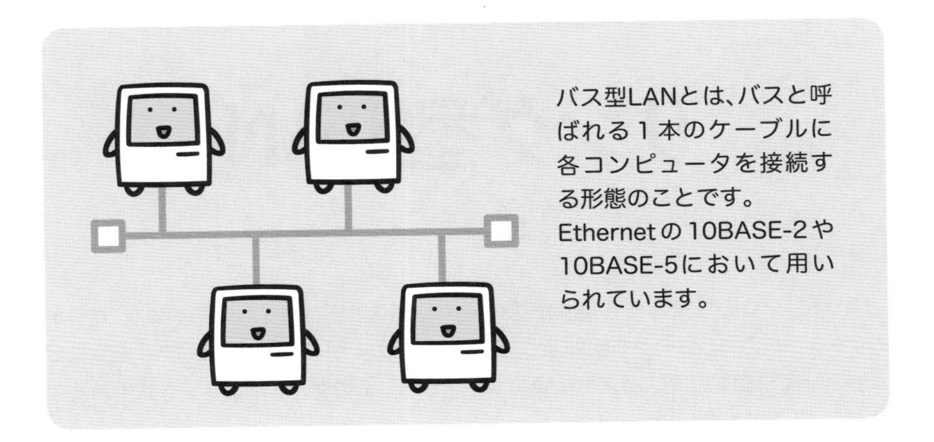

バスの両端には、信号の反射を防ぐためのターミネータが取り付けられています。

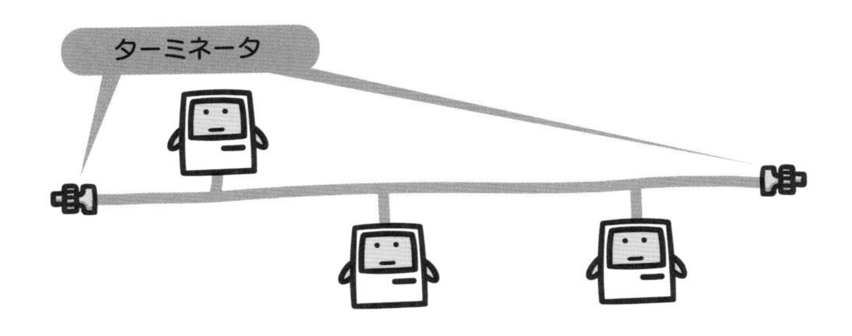

接続されるコンピュータの数が増えると、コリジョンの多発を招くことになりネットワークの効率が悪化します。

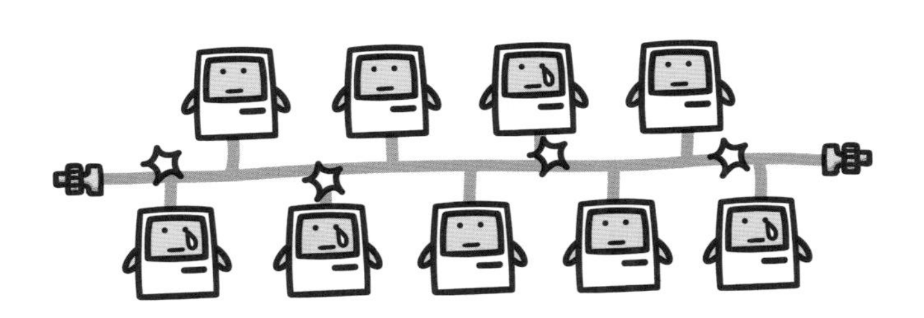

リング型LAN（ラン）

ネットワークの接続形態を示す用語の1つで、バスと呼ばれるリング状になった1本のケーブルにコンピュータを接続する方式がリング型LANです。1本のバスに各コンピュータを接続する点ではバス型LANと同じですが、そのケーブルがリング状であることから、この名前が付いています。

Token RingやFDDIなどにおいて用いられている形態で、他の方式に比べてケーブルの総延長距離を長くとれるのが特徴です。そのためLANの規格だけにとどまらず、WANのような広い地域を網羅するネットワークにおいてもこの形態を採るものがあります。

この方式ではバスがリング状になっているため、バス型LANと違って終端装置を必要としません。パケットはバス上を1方向にのみ流れ、ネットワーク上のコンピュータはこのパケットを随時チェックして、自分宛であるか否かを判定します。自分宛であった場合はそのまま取得しますが、違った場合はさらに次のコンピュータへと流すこととなり、まるでバケツリレーのような感じでパケットが流れていきます。

そのような方式であるため、ネットワーク上のコンピュータが1台でも故障してしまうと、パケットの流れはそこで止まってしまい、通信障害を引き起こすことになります。

関連用語

ネットワークトポロジー……64
スター型LAN……66
バス型LAN……68
Token Ring……74
パケット……46

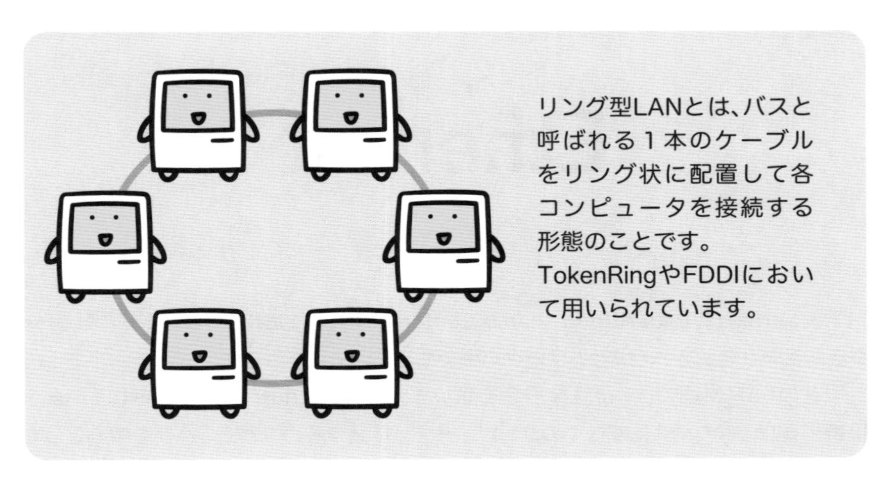

リング状のバスを１方向にパケットが流れるため、バス型LANと違ってターミネータを必要としません。

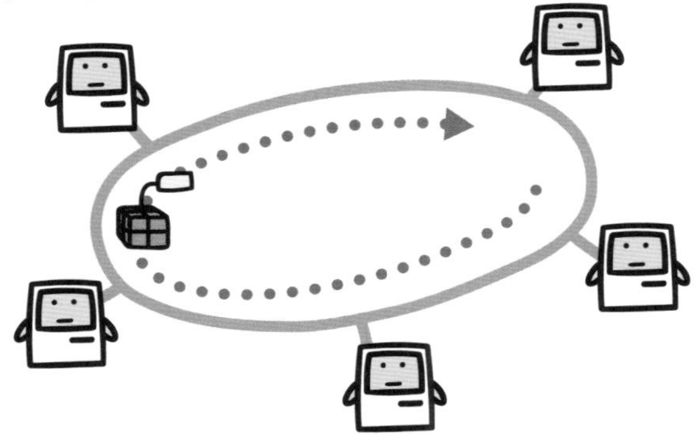

バケツリレーのようにパケットを流すため、ネットワーク上のコンピュータが故障すると、パケットの流れが遮断されて通信障害を引き起こします。

Ethernet
（イーサネット）

米国Xerox社のPalo Alto Research Center（PARC）において、ロバート・メトカーフ氏らにより発明されたネットワーク規格です。
現在のLAN環境では、特殊な場合を除いてはすべてEthernetが用いられています。接続形態は1本のバスにすべてのコンピュータを接続するバス型と、ハブを中心として各コンピュータを接続するスター型の2種類。
バス型LANには 10BASE-2、10BASE-5といった規格があり、スター型LANには10BASE-T、100BASE-TX、1000BASE-Tなどの規格があります。
10Mbpsの通信速度であった10BASE-Tに対し、Fast Ethernet規格である100BASE-TXでは100Mbpsに高速化され、さらにGigabit Ethernet（GbE）規格として登場した1000BASE-Tでは、1Gbpsにまで順次高速化が進みました。
現在では、この1000BASE-Tが広く利用されており、「Ethernet」という言葉は「Fast Ethernet」「Gigabit Ethernet」を含む、それらの総称といった意味合いが強まっています。
Ethernetでは、ネットワーク上の通信状況を監視して、他に送信を行っている者がいない場合に限りデータの送信を開始するキャリア・センスという仕組みと、それでも同時に送信を行ってしまった場合に、発生する衝突（コリジョン）を検出する仕組みによって通信制御を行います。この制御方式は、CSMA/CD（Carrier Sense Multiple Access/Collision Detection）方式と呼ばれています。

関連用語

スター型LAN ････ 66
バス型LAN ････ 68
コリジョン ････ 132
bps(bits per second) ････ 128

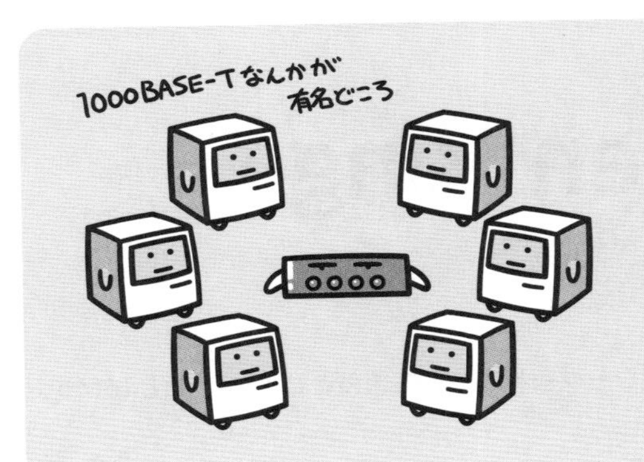

Ethernetとは、CSMA/CD方式を用いて通信を行うネットワークの規格です。
現在は、特殊な場合を除くほとんどのLANにおいて、このEthernetが利用されています。

CSMA/CD (Carrier Sence Multiple Access / Collision Detection)方式では、他に送信を行っている者がいない場合に限ってデータ送信を開始します。

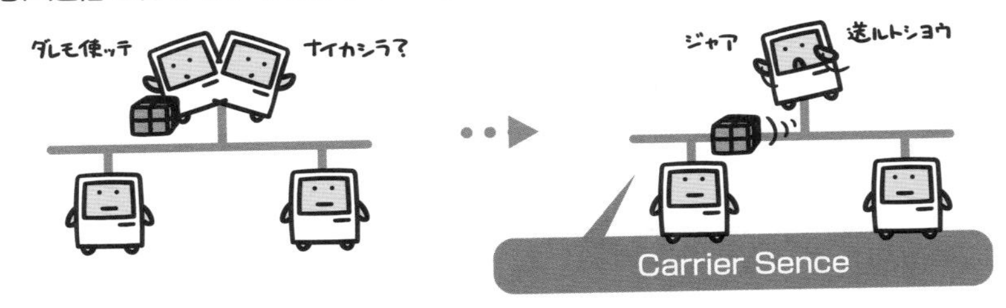

それでも同時に送信してしまい、パケットの衝突(コリジョン)が発生したら、ランダムな時間待機してから送信を再開します。

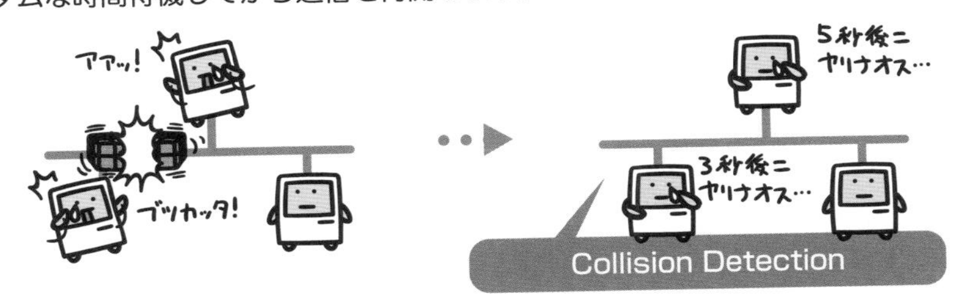

このように通信を行うことで、1本のケーブルを複数のコンピュータで共有することができるのです。

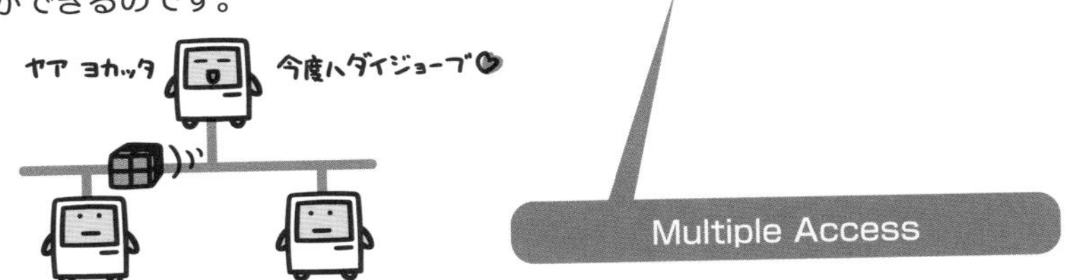

Token Ring（トークンリング）

IBM社によって提唱されたネットワーク規格で、通信速度として4Mbpsと16Mbpsの2種類が普及しています。

ネットワークの各コンピュータをリング状に接続するリング型LANに属し、通信制御にはトークンパッシング形式を用います。トークンパッシング形式とは、ネットワーク上に送信の権利を示すToken（トークン）という名前のデータを流す方式で、このTokenによって送受信の管理を行うものです。

通常、ネットワークに何も送信データがない間は、このTokenが単独で流れています。各コンピュータはTokenを受信して、何もデータが存在しなければ、そのまま次のコンピュータへと流します。このように、1方向に向かってTokenだけがバケツリレーのように受け渡されていくのが無負荷時の状態です。

送信したいデータが発生したコンピュータは、このTokenが手元に来るのを待ちます。そしてTokenをつかまえると、その後ろに送信データを付加して、再度バケツリレーを継続します。以後、Tokenを受け取ったコンピュータは、そのデータが自分宛てのものであるかチェックし、自分宛てでなければそのまま次へ渡し、自分宛てであった場合にはデータを取り出して、Tokenだけを再度送り出すのです。

このような仕組みによって送受信の管理を行うために、Ethernetにあるような「衝突（コリジョン）」という概念は原理的に発生しません。そのためネットワークの通信速度を効率良く利用することができます。

関連用語

リング型LAN ……… 70
コリジョン ……… 132
Ethernet ……… 72
bps(bits per second) ……… 128

TokenRingとは、Token(トークン)という送信権利を示すデータをバケツリレーのように流す、トークンパッシング方式を用いて通信を行うネットワークの規格です。

平常時はトークンだけがネットワーク上を流れています。

送信したい時は受け取ったトークンにデータをくっつけて次へ流します。

自分宛てのデータでない場合は、そのまま次へ流します。

自分宛てのデータであった場合は、データを受け取ってからトークンだけを次へ流します。これで、ネットワークは平常時に戻ります。

無線LAN（ラン）

ケーブルを必要とせず、電波などを使って無線で通信を行うLANのことです。特にEthernet規格の1つである「IEEE802.11b」の登場から爆発的に普及が進み、オフィスだけでなく家庭でも広く利用されるようになりました。

普及とあわせて年々高速化も進み、現在は次のような規格が実用化済みです。2020年現在時点においては、IEEE 802.11acがもっとも利用されています。

規格名称	最大通信速度	使用する周波数帯
IEEE 802.11b	11Mbps	2.4GHz
IEEE 802.11g	54Mbps	2.4GHz
IEEE 802.11a	54Mbps	5GHz
IEEE 802.11n	600Mbps	2.4GHz/5GHz
IEEE 802.11ac	6.9Gbps	5GHz
IEEE 802.11ax	9.6Gbps	2.4GHz/5GHz

無線LANの利用には、対象となるコンピュータに無線LANアダプタの機能が内蔵（もしくは後付けでUSBアダプタを装着するなど）されている必要があります。

一般的によく使われる無線LANの接続方法が、「インフラストラクチャモード」です。これは、アクセスポイントと呼ばれる基地局を用いるもので、個々のコンピュータは無線LANアダプタの機能によってこの基地局に無線接続を行います。アクセスポイントは、有線のLANでいうところのハブに相当する役割を担うため、これが既存の有線LANや他の無線LAN端末との橋渡しを行うことで、相互に通信できるようにしています。

もう1つの接続方法が「アドホックモード」です。これは、無線LANアダプタ同士が直接通信を行うもので、あまり広く使われてはいません。1対1のデータ通信を手軽に済ませたい場合などに利用されます。

関連用語

Ethernet…… 72
bps(bits per second)…… 128
ハブ…… 122

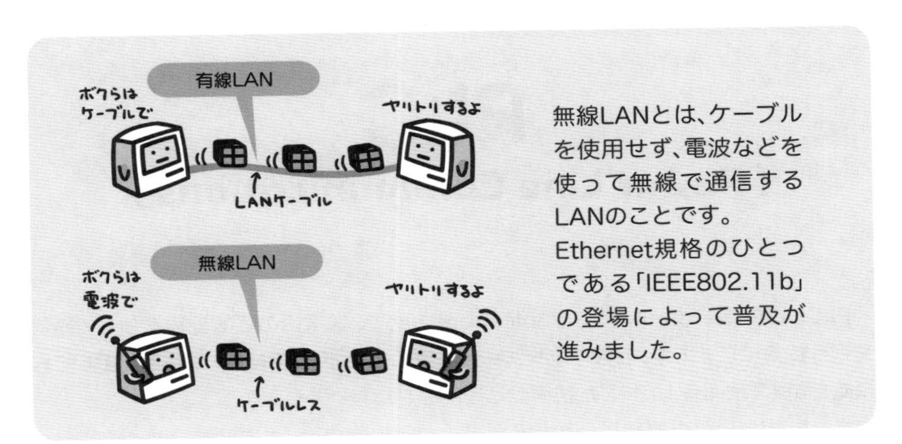

無線LANとは、ケーブルを使用せず、電波などを使って無線で通信するLANのことです。Ethernet規格のひとつである「IEEE802.11b」の登場によって普及が進みました。

無線LANは現在広く普及しており、ノートPCをはじめスマートフォンやゲーム機に至るまで、様々な機器に標準で搭載されています。

この機能を後付けする場合は、別途無線LANアダプタを追加することになります。USB接続のものや、内蔵カード型などが一般的です。

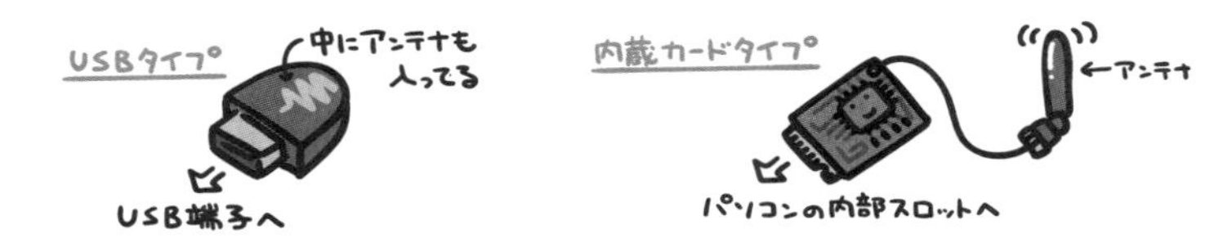

無線LANには、次の2つの接続方法があります。

PLC（ピー エル シー）
(Power Line Communications)

PLCとはPower Line Communicationsの略で、送電用の電気配線を使って通信を行う技術のことです。普段ネットワーク接続に利用するLANケーブルを、電気配線に置きかえて使えるようにした技術だと理解すれば良いでしょう。

各フロアにLANの接続口が設けられていない建物でも、まず間違いなく電気用のコンセントは設けられています。このコンセントに専用のPLCアダプタを設置、他方のフロアにも同様にPLCアダプタを設置とすることで、PLCアダプタ間の電気配線を使ってネットワーク通信を行えるようにするのがこの技術の特徴です。

既存の建物に新しくLAN配線を敷設するには大がかりな工事が必要となりますが、この方式を用いた場合は、既存の電気配線がそのまま宅内LANのネットワーク配線として使えるため工事を必要としません。また、通信に転用中であっても、電気配線としての利用が不可となるわけではないため、簡便に宅内LAN配線を実現することができます。

PLCアダプタには、コンセント接続のために用いる電源ケーブルの他に、LANケーブル接続用のポートが設けられています。パソコンをPLCアダプタに接続する場合は、このポートにLANケーブルを接続して通信を行います。当初は数Mbpsという通信速度でしたが、現在市販されているモデルでは理論値で約200Mbps前後、実際の通信速度でも約60Mbps前後が出るようになっています。

関連用語

LAN(Local Area Network) ……… 62
LANケーブル ……… 114
モデム ……… 126
bps(bits per second) ……… 128

PLCは、屋内の電気配線を使ってデータ通信を行います。
コンセントにPLCアダプタを2つ以上接続し、このアダプタが両者間の電気配線を通じてデータを送り合うことで、通信する仕組みです。

家庭の電気配線には、「交流」と言われる電気が流れています。

交流の電気は、50Hz(東日本)とか60Hz(西日本)とかの周波数で流れています。

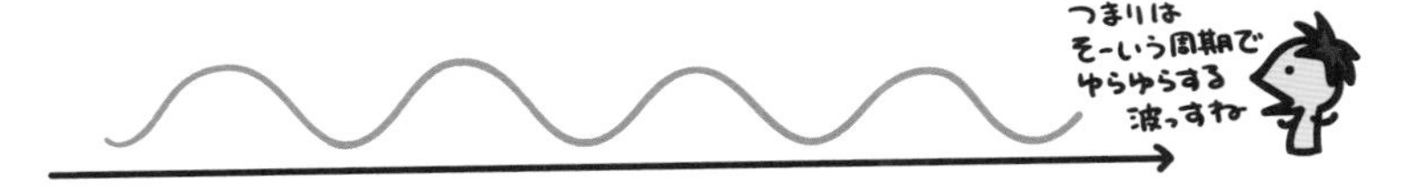

一方、データ通信の信号は、何MHzという、非常に高い周波数で流れています。

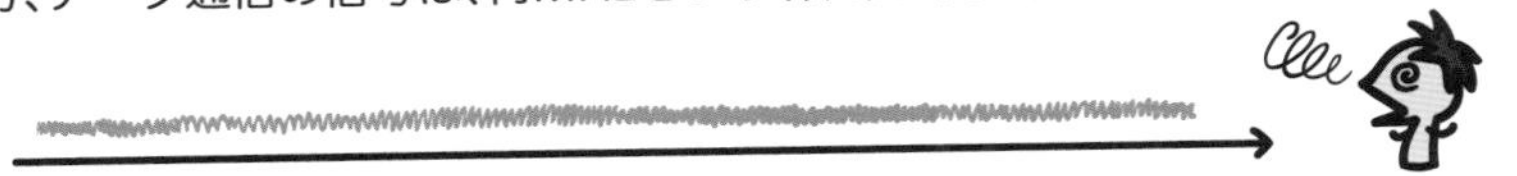

PLCアダプタは、両者をあわせた信号を作り出し、電気配線に送出します。

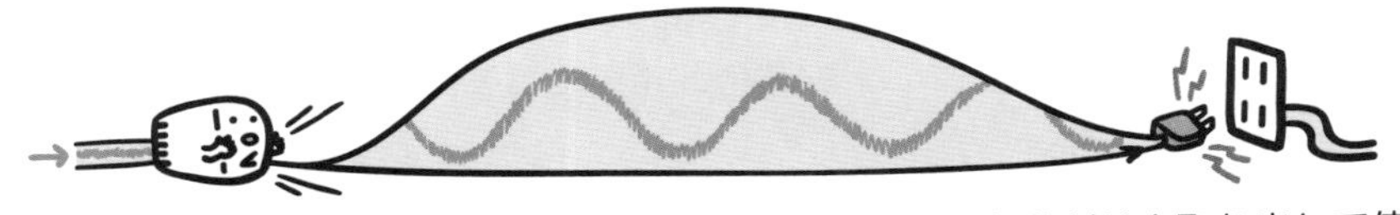

受け取る側のPLCアダプタは、周波数の高い、データ通信部分だけを取り出して使用します。

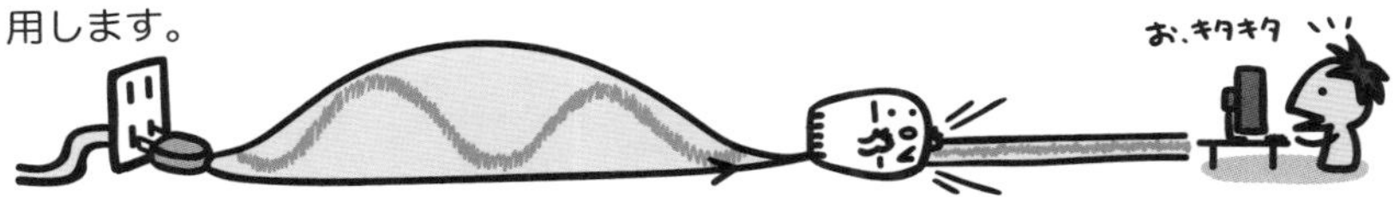

Bluetooth
ブルートゥース

携帯情報機器向けの無線通信技術で、Bluetooth SIGという業界団体によって推進されています。

2.4GHzという帯域を利用して、パソコンや周辺機器、携帯情報端末（PDA）、家電、携帯電話に至るまで、ケーブルを使わずに様々な機器を接続することができます。接続は、1台の機器がマスターとなり、これに7台までの機器がスレーブとしてぶらさがる形態をとります。マスターとは親機、スレーブとは子機と思えば良いでしょう。

通信速度は、Bluetooth 1.x規格で1Mbps。高速化機能に対応したBluetooth 2.x+EDR規格では3Mbps。さらに次のBluetooth 3.x+HS(High Speed)では24Mbpsと、順次高速化が進んでいます。

赤外線通信とは違って機器間に障害物があっても問題はありません。通信距離は出力レベルに応じて3種類に分かれており、もっとも大きな出力のClass1では100m、Class2で30m、Class3だと1mの距離で通信することができます。

Bluetoothは主にネットワークを構築するための規格ではなく、機器間をワイヤレス接続するための規格です。そのため無線LANとは対象となる用途が異なります。無線LANと比較した場合、通信速度や通信できる距離の点で見劣りしますが、携帯電話へ搭載することも前提とした設計であるため、非常に省電力で製造コストも低く抑えられるところに特徴があります。

Bluetooth規格には、現在Bluetooth 5.xまでが登場しています。

Bluetooth 4.0では従来の3.x+HSとは方向性が異なり、大幅な省電力化が図られました(ただし通信速度は1Mbps)。5.0ではその省電力特性を引き継ぎながら、4.0比で通信速度が2倍、通信範囲が最大4倍(400m)へと拡張されています。

関連用語

bps(bits per second)……128　無線LAN……76

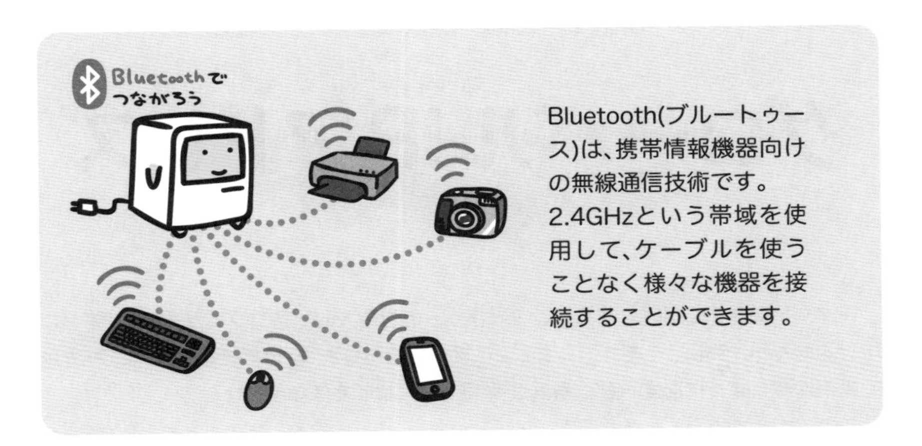

Bluetooth(ブルートゥース)は、携帯情報機器向けの無線通信技術です。2.4GHzという帯域を使用して、ケーブルを使うことなく様々な機器を接続することができます。

Bluetoothはネットワーク用の技術ではなく、機器と機器との接続に用いていたケーブルの排除を主目的として、より広範囲に用いられるものです。

1台のマスター機器に対して、スレーブとして7台までの機器を接続することができます。

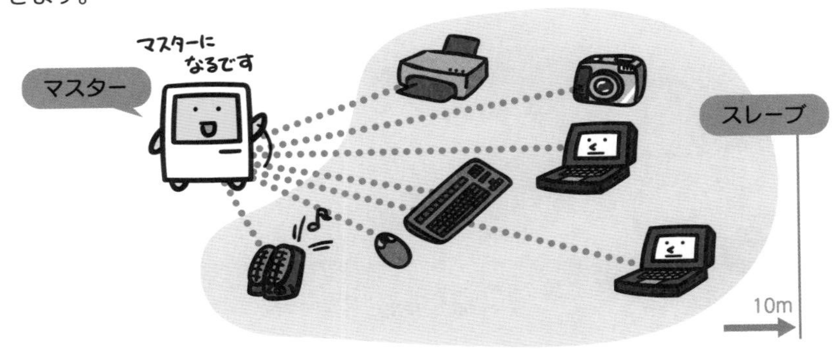

グローバルIP(アイピー)アドレス

IPネットワークを基盤とするインターネットの世界では、各コンピュータ1台ずつにIPアドレスという番号を割り振ることで、個々を識別します。当然その番号は、世界中で重複がないように必ず一意な番号が保証されてなくてはなりません。

この「世界中で必ず一意な番号が保証されている」IPアドレスのことを、「グローバルIPアドレス」と呼びます。

グローバルIPアドレスは、世界中で1つしか存在しない値とする必要があるために、各個人で自由に割り当てるというわけにはいきません。そのため、各国には専門の機関が設けられており、その管理のもとで割り当てを受けることになっています。

日本におけるグローバルIPアドレスの割り当ては、JPNIC（JaPan Network Information Center）がその役割を担っています。

ただし、IPアドレスは32bitの整数で表現するため、重複しない番号といってもその数は有限です。したがって、LANの中など限られた範囲内では、別途プライベートIPアドレスを割り当てて使用するのが一般的です。

関連用語

IPアドレス ········ 50
プライベートIPアドレス ········ 84
JPNIC ········ 172

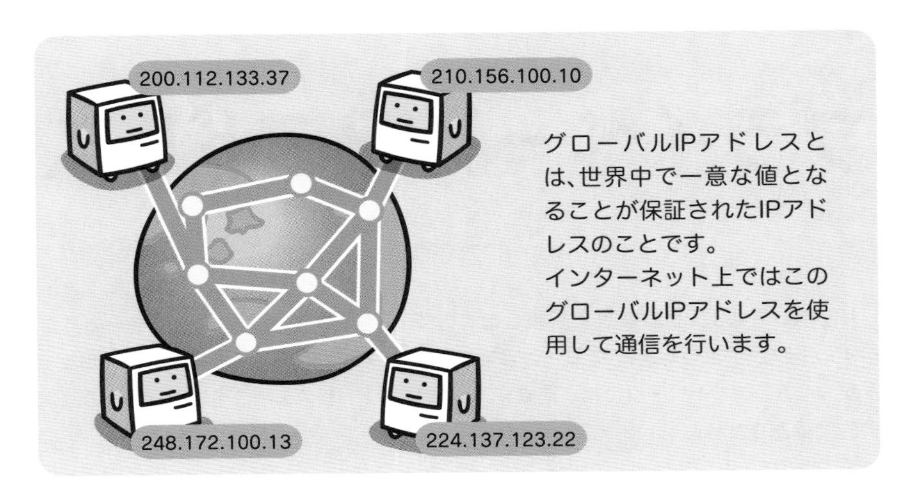

グローバルIPアドレスは、IANA(Internet Assined Numbers Authority)を頂点とする階層構造で地域ごとに割り振りが管理されています。

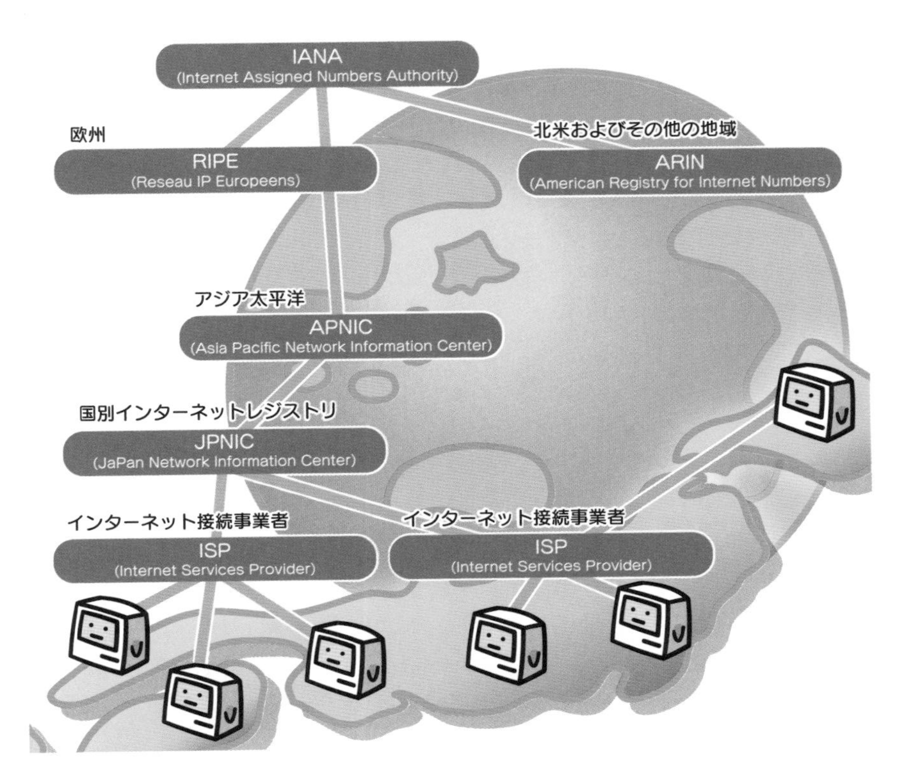

プライベートIP（アイピー）アドレス

IPアドレスは32bitの整数で表現しますので、重複しない番号といってもその数は自ずと上限が決まってきます。したがって、インターネットのように世界中のコンピュータがつながるネットワークでは、末端まで個別にIPアドレスを割り当てるというのは現実的ではありません。

そこで、IPアドレスは世界中で一意な番号が保証されているグローバルなIPアドレスと、限られた範囲内だけで使用するプライベートなIPアドレスとに分けられています。

このプライベートなIPアドレスのことを「プライベートIPアドレス」と呼びます。LANのように限られた狭い範囲のネットワークでは、こちらを割り当てて使用するのが一般的です。

IPアドレスとは、コンピュータネットワークでいうところの住所や電話番号といったもので、相手を特定するために用います。ところがプライベートIPアドレスは、「プライベートな空間内でだけ通用する宛先」です。たとえるなら、オフィスの内線番号や誰々の部屋といった表現に合致します。したがって、グローバルな外の空間とは、このアドレスを用いて通信することはできません。

プライベートIPアドレスが割り当てられたコンピュータが、グローバルな外の世界と通信を行うためには、NATやIPマスカレードといった手段によってアドレス変換を行う必要があります。

3

関連用語

IPアドレス……50
グローバルIPアドレス……82
サブネットマスク……52
NAT(Network Address Translation)……162
IPマスカレード……164

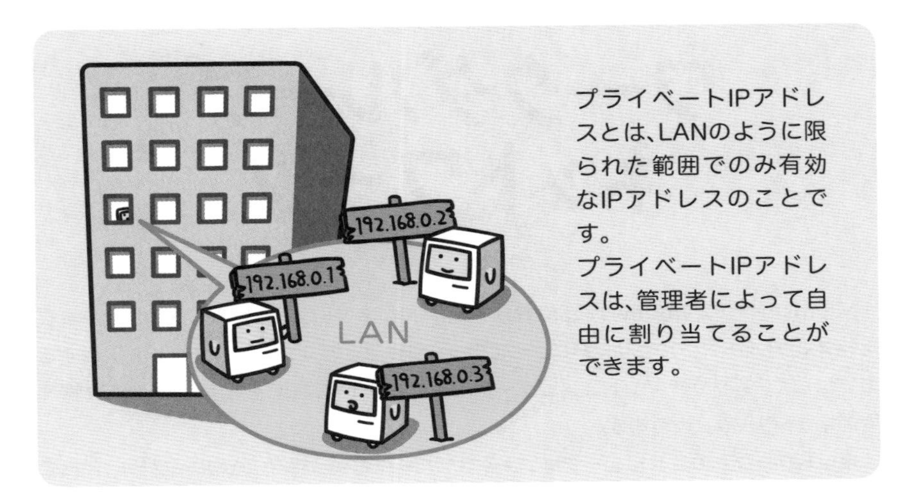

プライベートIPアドレスとは、LANのように限られた範囲でのみ有効なIPアドレスのことです。
プライベートIPアドレスは、管理者によって自由に割り当てることができます。

プライベートIPアドレスは、電話でいう内線番号のようなものであるため、外線となる外の世界との通信には使用できません。

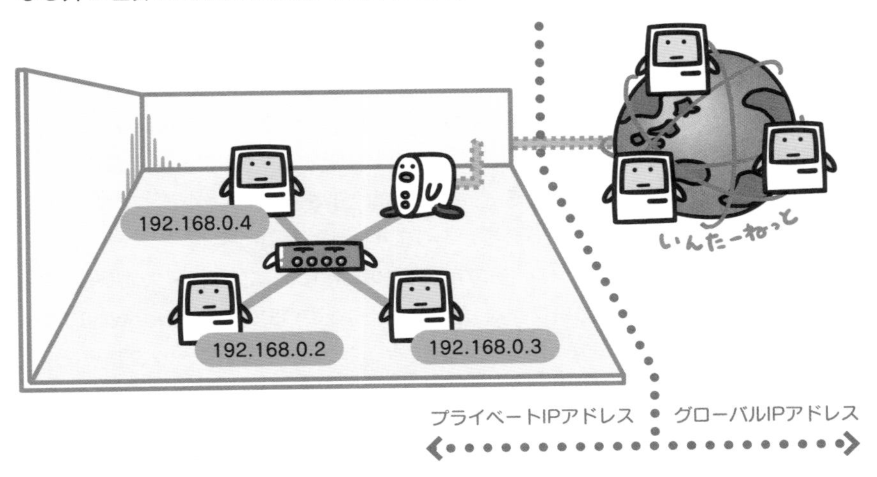

プライベートIPアドレスはネットワークの規模により3つのクラスに分けられています。それぞれのクラスで使用できるIPアドレスは以下のように決まっています。

クラス	IPアドレス	サブネットマスク
クラスA(大規模ネットワーク用)	10.0.0.0～10.255.255.255	255.0.0.0
クラスB(中規模ネットワーク用)	172.16.0.0～172.31.255.255	255.255.0.0
クラスC(小規模ネットワーク用)	192.168.0.0～192.168.255.255	255.255.255.0

ワークグループネットワーク

Microsoft社のWindows OSにおける基本的なネットワーク管理手法が、ワークグループネットワークです。サーバによってネットワーク上のコンピュータを集中管理するのではなく、各クライアントコンピュータ同士がお互いに資源を共有し合う分散管理型のネットワークになります。

ネットワーク上のコンピュータは、ワークグループという単位でグループ分けされます。この時、それぞれが所属するワークグループは、各コンピュータごとにワークグループ名を入力して指定します。自己申告なわけです。Microsoft社のWindows95以降のOSはいずれもこの機能を標準で持っています。

各クライアントコンピュータが自由にファイルやプリンタの共有を設定できるため、とても手軽に扱えることが利点ですが、その反面、アクセス制限などのセキュリティ面はかなり脆弱で、ユーザやネットワークリソースの集中管理を行うといったことはできません。そのようなセキュリティや管理を重視するネットワークの場合には、Windowsサーバ製品（Windows Server 2019など）を設置して、クライアント・サーバ型のドメインネットワークとする必要があります。

Microsoft社では、主にコンシューマ用途となるOSには、このワークグループネットワークを標準と位置付けています。したがって、同社のOSであるWindows 10では、個人用途向けのHomeエディションで参加できるネットワークをワークグループネットワークのみとし、ドメインネットワークには、ProもしくはEnterpriseといったエディションでないと参加できないよう制限がかけられています。

関連用語

クライアントとサーバ……16　ドメインネットワーク……88

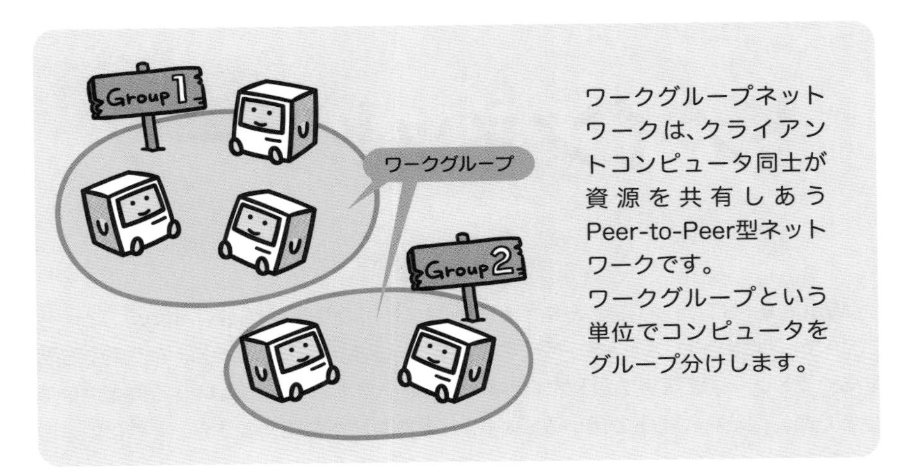

ワークグループネットワークは、クライアントコンピュータ同士が資源を共有しあうPeer-to-Peer型ネットワークです。
ワークグループという単位でコンピュータをグループ分けします。

ワークグループネットワークにおけるグループ分けは、クライアントコンピュータの自己申告によって行われます。

各コンピュータに設定したワークグループ名で、自動的にグループが構成されます。

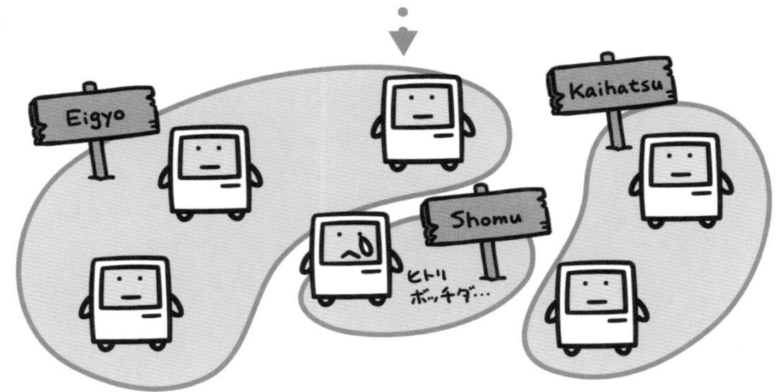

ドメインネットワーク

Windows NTサーバに端を発するMicrosoft社のサーバ群（Windows Server 2019など）によって、ネットワーク上のコンピュータをドメインという単位で集中管理するネットワーク管理手法がドメインネットワークです。ドメインという名称を用いているため、インターネットで用いるドメインと混同しがちな用語ですが、実際にはまったく別物で「AD（Active Directory）ドメイン」とも呼ばれています。

ネットワーク上のドメインに参加するユーザはサーバによって一元管理されており、ユーザアカウントの追加や削除、パスワード認証などはすべてサーバ上で行います。このサーバをドメインコントローラと呼び、ドメインには必ず1つ以上のドメインコントローラが設置されています。

1つ以上のとはどういうことかというと、そもそも「パスワード認証などはすべてサーバ上で行う」わけですから、このサーバに障害が発生すると、ネットワークには多大な影響が発生してしまいます。たった1台の故障が全体の障害に直結するというのは好ましくありません。

そこで、それを避けるために複数台のドメインコントローラを設置して、いずれかに問題が生じた場合にも、残りのドメインコントローラで役目を代替できるようにするのが一般的な運用となるわけです。

このようにして設けられたドメインコントローラは、互いの管理情報を共有することで、万が一の障害発生時にも、ネットワーク機能が継続して提供できるように備えています。

関連用語

クライアントとサーバ……16　ワークグループネットワーク……86

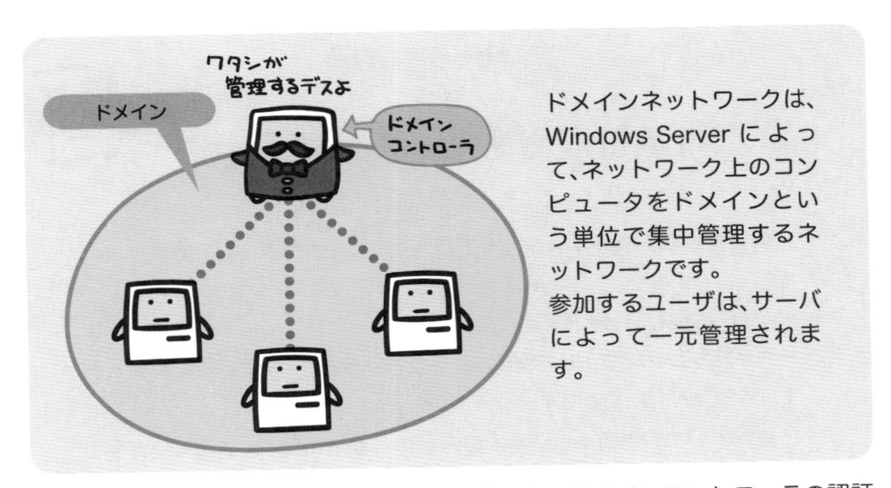

ドメインに参加するためには、ドメインを管理するドメインコントローラの認証を受ける必要があります。

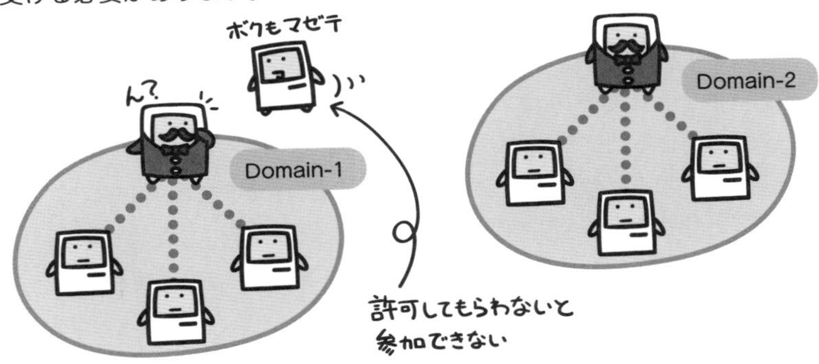

ドメインに参加できるユーザ設定やドメイン間の信頼関係など、ネットワークを柔軟に管理・構成することができます。

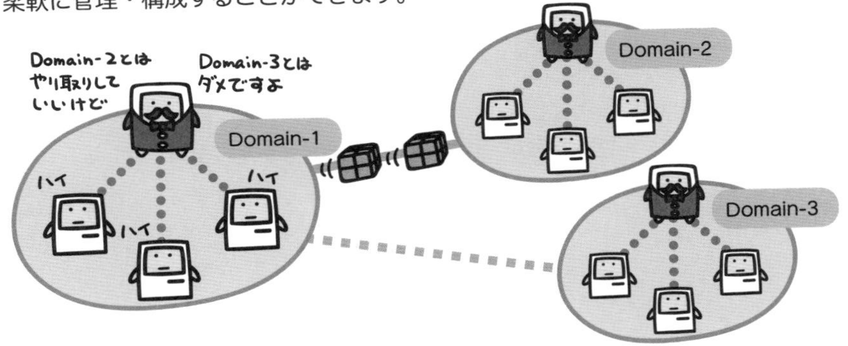

column

LANがおもちゃだった時代

僕と同じくIT業界に就職してプログラマになった友人は、寮住まいをしておりました。

そうして僕と同じように、はじめて満額もらうことのできた冬のボーナスでパソコンを購入して、他の寮生たちと遊んでいたのです。何をしてって？LANを組んでです。

まだパソコンを持っている人の方が珍しかった時代。ましてや自宅でLANが組めることなんて、よほどの趣味人でないと難しい時代でもありました。ところが寮であれば、数人がパソコンを購入することでネットワーク化して遊べるじゃないかと気づいた友人とその同僚たち。時代的に、まだ無線LANなんてしゃれたものはありません。なので窓からLANケーブルを外に出して、それで互いのパソコンを直結するという荒技を用いることで、見事に寮内ネットワークを構築しておりました。

今から考えると「バカ」としか言えない所業なんですけど、当時は珍しかったものですから正直うらやましく感じました。何より仕事でネットワークを扱っている時に、自宅でも試験できるというのは便利だよなあと思ったものです。

今はパソコンのみならず、スマートフォンやゲーム機、さらにはテレビまでもと、ありとあらゆるものにネットワーク機能がついています。当然自宅にLANなんて、珍しくもなんともない。

でもなんでしょう。便利さは確実に今の方が上なんですけど、なにかこう、あの頃のようにワクワクしないんですよね。

あの頃は間違いなくLAN自体がおもちゃだったんだよなあ。

そんなことを思いながら、手持ちの情報端末でなんか面白い使い方できないかな……と、あれこれ変な使い方を考えては試す今日この頃です。

4章

ワイド・エリア・ネットワーク編

WAN（ワン）
(Wide Area Network)

WANはワイド・エリア・ネットワークの略。距離的に離れた、コンピュータやLAN同士を、専用線などによって接続したネットワークのことを示します。たとえば企業で支社間を接続するなど、そういったネットワークを想像すると良いでしょう。

日本語にすると広域通信網という意味になり、LANのように自前でケーブル接続するのではなく、通信事業者の提供する広域網などを利用して構築することになります。

従来WANを構築する際には、専用線を契約して支社間を接続するか、もしくは支社間で必要に応じて公衆回線によるダイアルアップ接続を行うといった方法が一般的でした。しかし専用線を用いると、接続する2点間の距離と回線速度に応じてコストが跳ね上がり、ダイアルアップ接続の場合でも、やはり距離と時間に応じて通信料がかさむことになってしまいます。

これに対し、より安価な選択肢がVPN (Virtual Private Network) 技術を用いたサービスです。VPNとは、複数のユーザが利用する通信網の中に、暗号化技術を用いて仮想的な専用線空間を作り、通信を行うものです。

VPNにも複数の種類があります。専用線と同じく通信事業者の閉じられた回線を用い、それをVPN技術によって複数ユーザで共用するサービスがIP-VPNと広域イーサネット。一方、インターネット回線を用いてVPNを構築する手法がインターネットVPNです。

もっとも安価な手法はインターネットVPNになりますが、この場合は、暗号化されているとはいえ途中経路が不特定多数の利用するインターネット上であることに、セキュリティ上の懸念が残ります。

関連用語

LAN(Local Area Network)…62
専用線…94
VPN(Virtual Private Network)…96
インターネット(the Internet)…168

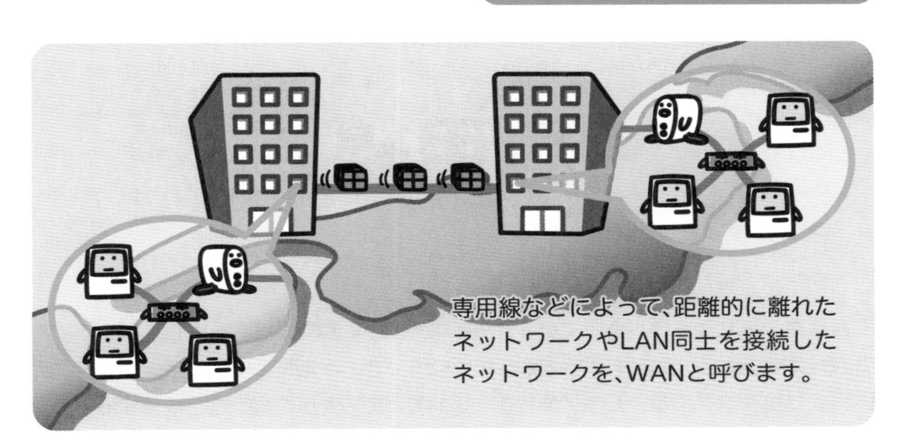

接続する方法としては、以下のようなものがあります。

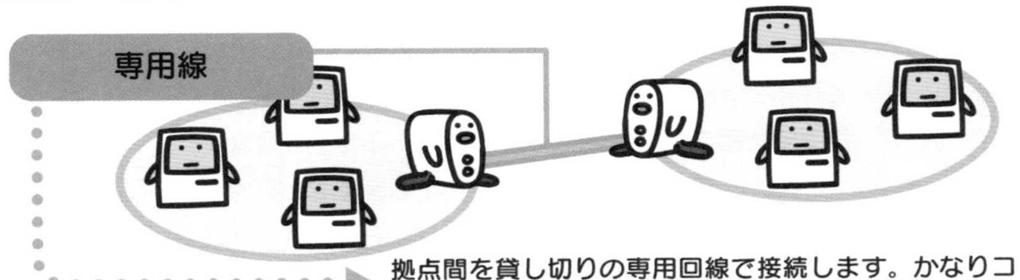

拠点間を貸し切りの専用回線で接続します。かなりコストがかかります。

必要な時だけ拠点間を公衆回線経由でダイアルアップ接続します。通話時間によってコストが変動します。

インターネット上に仮想的な専用線空間を作り出して拠点間を接続します。コスト的には安く済みますが、セキュリティ面で注意が必要です。

専用線

通信事業者により提供されているサービスで、月々定額の料金を支払うことで特定の2点間を接続し、通話時間とは関係なく利用できる専用回線のことを示します。回線方式にはデジタルとアナログがあり、この専用線を使って支社間を接続することで、内線通話や広域のネットワーク通信網を構築することができます。

コンピュータネットワーク用に設けられた専用線サービスでは、主にLAN同士を接続するWANの構築に用いられ、回線方式としてデジタル回線を用いるのが一般的です。公衆回線の従量課金制とは違って、貸し切りの専用回線であるため料金が通話時間に依存せず、常時接続用の通信回線として利用することができます。

月にかかる固定料金は、接続する2点間の物理的な距離と、回線の通信速度に応じて高額になります。もっとも安価なものでも月に数万円となるために、個人で契約することはあまりありません。

かつてはWAN用の常時接続というと専用線しか選択肢がありませんでしたが、現在ではVPN（Virtual Private Network）技術を用いることにより、仮想的な専用線接続を安価に利用できる仕組みが整っています。

4

関連用語

LAN（Local Area Network）…… 62
WAN（Wide Area Network）…… 92
VPN（Virtual Private Network）…… 96
インターネット（the Internet）…… 168

専用線とは、定額料金を支払うことで、2点間を専用の回線で接続することができるサービスです。かなり高価なため、個人で契約することはあまりありません。

専用線は完全な貸し切り状態で、通話時間に関係なく利用することができます。

VPN（Virtual Private Network）

ブイ ピー エヌ

ネットワーク上に仮想的な専用線空間を作り出して拠点間を安全に接続する技術、もしくはそれによって構築されたネットワークのことを示します。通常、専用線を用いた接続ではコスト高となる遠隔地のLAN間接続ですが、VPNであればより安価に導入することができます。

VPNは大別すると、既存のインターネット回線を利用するインターネットVPNと、通信事業者の閉じられた通信網を利用するIP-VPNや広域イーサネットに分かれます。

インターネットVPNを利用するには、相互の接続部分に専用のVPN装置か、その機能が組み込まれたルータやファイアウォールを設置する必要があります。このVPN装置は、通信データを暗号化してからインターネットに流し、受信側で暗号化を解除します。そのため途中経路となるインターネット上ではデータを解読することができず、情報漏洩や改ざんといった危険から通信データを守ることができるわけです。ただし、VPN装置がお互いに互換性のある暗号化方式を用いなければ、データの暗号化を解除することはできません。そのため現在では、VPNの標準プロトコルとして、IPSec（Internet Protocol Security）という規格が定義されており、このプロトコルに対応した機器同士であれば、異なるメーカーの機器間でも通信できるようになっています。

IP-VPNや広域イーサネットは、通信事業者により提供されるサービスです。こちらはインターネットではなく、専用線と同じく閉じられた通信網を、VPN技術によって複数ユーザでシェアする形態となります。コストはインターネットVPNよりも嵩みますが、インターネットから隔離されている分、セキュリティ面では勝ります。

また、VPNにはLAN同士を接続する形態の他に、リモートアクセス型の接続方法も存在します。PPTP（Point to Point Tunneling Protocol）により、LAN外から行うインターネット回線経由の仮想的なダイアルアップ接続が、これにあたります。

関連用語

LAN(Local Area Network)……62
専用線……94
ルータ……120
ファイアウォール……156
PPTP(Point-to-Point Tunneling Protocol)……154
インターネット(the Internet)……168

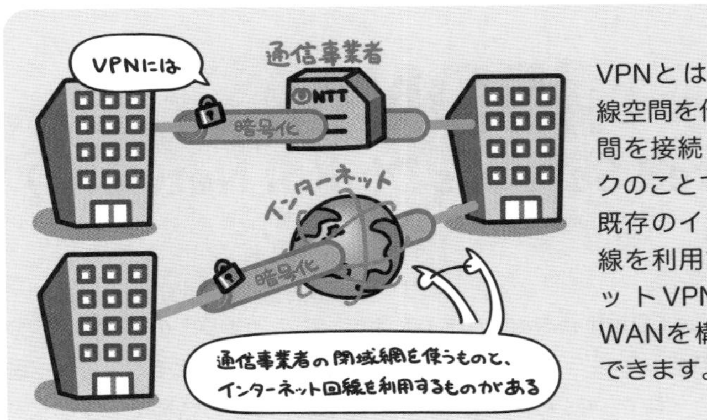

VPNとは、仮想的な専用線空間を作り出して、拠点間を接続したネットワークのことです。
既存のインターネット回線を利用するインターネットVPNでは、安価にWANを構築することができます。

インターネットVPNを利用するには、相互の接続口にVPN機能を持った機器を設置します。

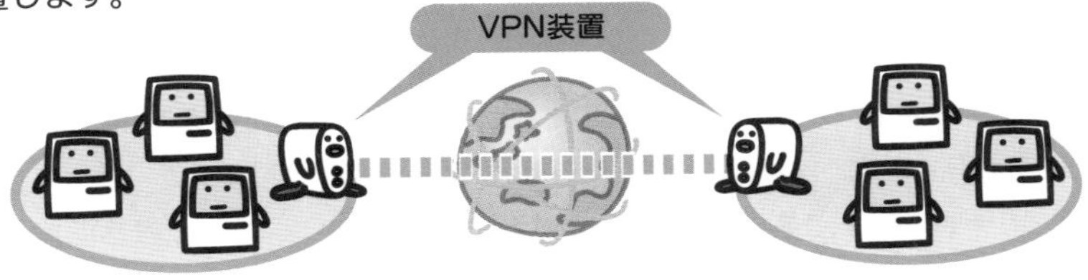

インターネット経由でデータを流す場合には、VPN装置がデータを暗号化してから流します。受け取った側では、その暗号化を解除してから内部ネットワークへ転送します。

このように途中経路での通信データを暗号化することで、情報の漏洩や改ざんといった危険を回避することができるのです。

アイエスディーエヌ ISDN (Integrated Services Digital Network)

Integrated Services Digital Network（統合デジタル通信網）の略で、電話やFAX、データ通信を統合して扱うことのできるデジタル通信網のことを示します。国際標準規格として定められており、日本ではNTTが「INSネット」の名称でサービスを提供しています。一般電話のアナログ回線に比べ回線の状態が安定しており、高速で安定した通信を行うことができるようになっています。

現在サービスとして提供されているものは、Narrow ISDNと呼ばれるものであり、通常の電話線を用いて通信を行います。この回線は3本のチャネルで構成されており、制御用として通信速度16kbpsのDチャネル1本と、通信用として通信速度64kbpsのBチャネル2本を有します。

通信用のBチャネルは、1本を1回線として利用することができるため、電話回線としては2本同時に利用できることになります。そのため、インターネットを利用しながら電話を使うことや、FAX用と電話用で個別に回線を振り分けることが可能となります。

また、バルク転送といって、2本のBチャネルを同時に束ねて利用することで、128kbpsの速度で通信を行うこともできます。

インターネットを利用するための通信回線という意味では、現在はより高速なADSLや光ファイバ接続にとって替わられており、ISDNをその用途に用いることはあまりありません。また、ADSLとISDNは、互いに干渉を受ける恐れのあることが指摘されています。

関連用語

ADSL …… 102
光ファイバ接続 …… 104
bps(bits per second) …… 128
インターネット(the Internet) …… 168

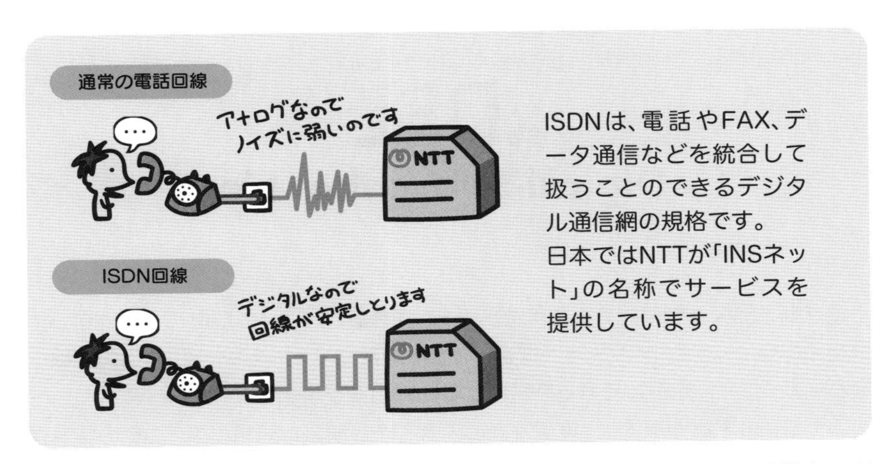

ISDNは、電話やFAX、データ通信などを統合して扱うことのできるデジタル通信網の規格です。
日本ではNTTが「INSネット」の名称でサービスを提供しています。

ISDNはデジタル回線となりますので、通常のアナログ通話に用いる電話機やFAXは、DSUやTAといった機器を介して接続します。

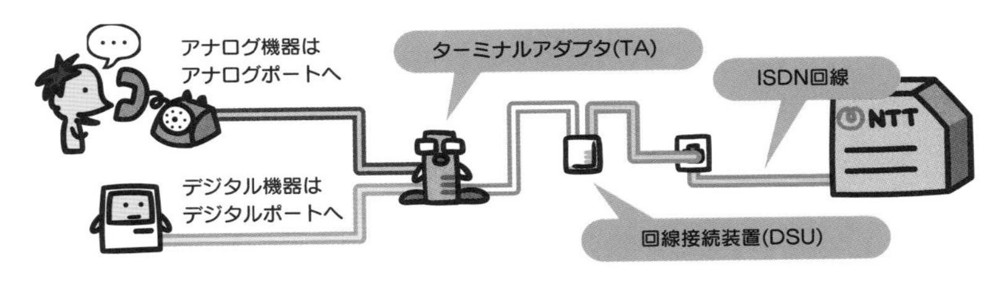

このデジタル回線の中は、チャネルという概念によって3本の仮想的な回線に分けられています。

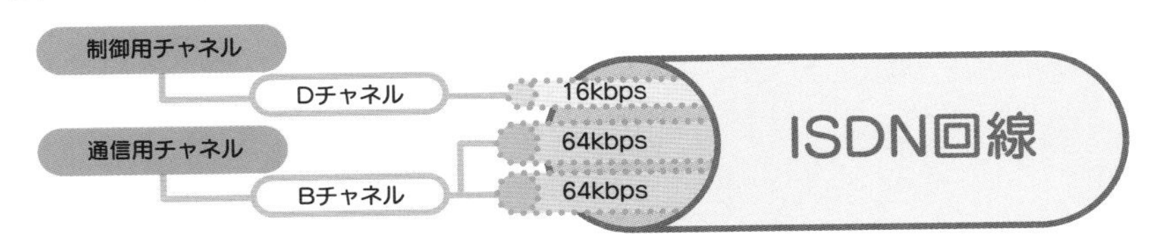

Bチャネルは1本を1回線として利用できるので、電話回線として同時に2本使用することができます。

エックスディー エス エル
xDSL
(x Digital Subscriber Line)

電話局と加入者宅間にアナログ電話用として敷設されている既存の銅線を用いて、数Mbpsという高速なデジタル通信を行うための技術です。用途や速度によって様々なバリエーションがあり、それらを総称してxDSLと呼びます。

アナログの電話回線では、電話局と加入者宅を接続した銅線にアナログの電気信号を流すことで通話を行います。一般にこのアナログ通話で利用される周波数帯域は4kHzまでと言われており、xDSLはそれよりも高い周波数帯域を利用することで、高速なデータ通信を行います。ただし、電話用のケーブルを流用しているために、高周波の信号は減衰してしまいます。そのため、電話局から数km以内の短距離でないと利用することはできません。

xDSLで通信を行うケーブルの両端には、スプリッタと呼ばれる器具を取り付けます。これは、周波数帯域によってアナログ通話とデータ通信の信号を切り分けるものです。スプリッタにより分配された信号は、アナログ通話用のものは一般電話機に、データ通信用のものはxDSLモデムにつながれ、互いに干渉しあうことはありません。そのため、音声通話とデータ通信を同時に行うことができるのです。

xDSLでは、既存の電話線を流用して高速なデータ通信ができるため、光ファイバ接続と並行して注目されています。

関連用語

ISDN …… 98
ADSL …… 102
光ファイバ接続 …… 104
bps(bits per second) …… 128
インターネット(the Internet) …… 168

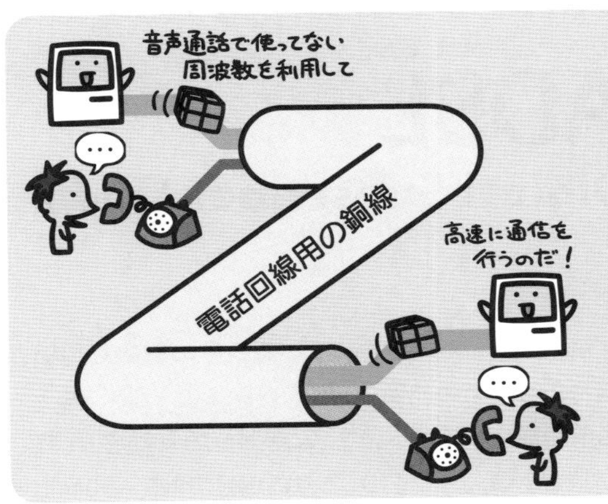

xDSLは、通常の電話用に敷設されている銅線を用いて、数Mbpsという高速なデジタル通信を行うための技術です。
用途や速度によって様々なバリエーションがあり、それらを総称してxDSLと呼びます。

アナログ電話では銅線が伝送できる周波数帯域の、わずか数%しか利用していません。xDSLはそれ以外の周波数を利用することで高速な通信を行います。

電話回線から出力される信号は、スプリッタという機器を使って周波数帯域別に切り分けられます。これによって、お互いの干渉を防ぐのです。

電話用のケーブルを流用して高周波信号を送るため、信号が距離の影響を受けて減衰してしまうのが難点です。

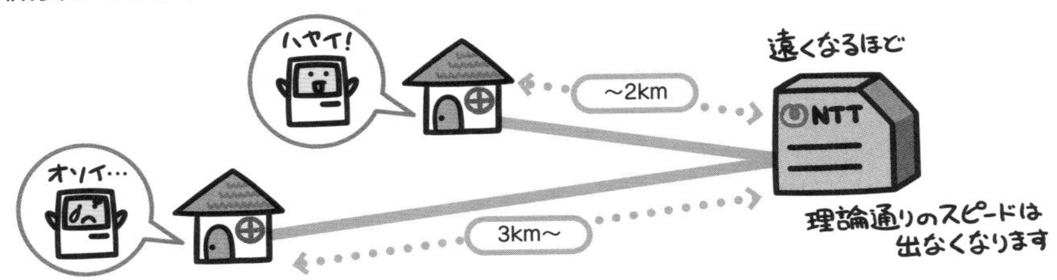

エーディーエスエル
ADSL
（Asymmetric Digital Subscriber Line）

電話局と加入者宅間にアナログ電話用として敷設されている既存の銅線を用いて、数Mbpsという高速なデジタル通信を行うための技術の1つで、xDSLの一種です。

非対称（Asymmetric）という名前が冠されている通り、電話局→加入者宅（下り）と電話局←加入者宅（上り）で通信速度が異なっており、下りの場合で1.5～50Mbps、上りの場合で512kbps～5Mbpsという速度になっています。これは、主にインターネットのような利用を想定した場合、画像や文章などをダウンロードする用途の方が多いため、電話局→加入者宅（下り）速度を高速にした方が適しているからです。

ADSLでは、既存の電話線を利用することになりますが、アナログ通話で使われている4kHzまでの周波数より高い周波数帯域を使って通信を行います。両者はスプリッタという器具によってアナログ通話用信号とデータ通信用信号に切り分けられますので、互いに干渉しあうこともなく、同時に電話とインターネットを使用することができます。さらに、データ通信部分に関しては、NTTの電話交換機を介さないために、電話と違って利用時間に関係なく、定額料金でサービスを受けることができます。

日本では、ISDNと干渉する恐れがあるとの理由から実用化が遅れ気味でしたが、現在では光ファイバ接続と並行して、広く一般に普及しています。

関連用語

ISDN …… 98
xDSL …… 100
光ファイバ接続 …… 104
bps(bits per second) …… 128
インターネット(the Internet) …… 168

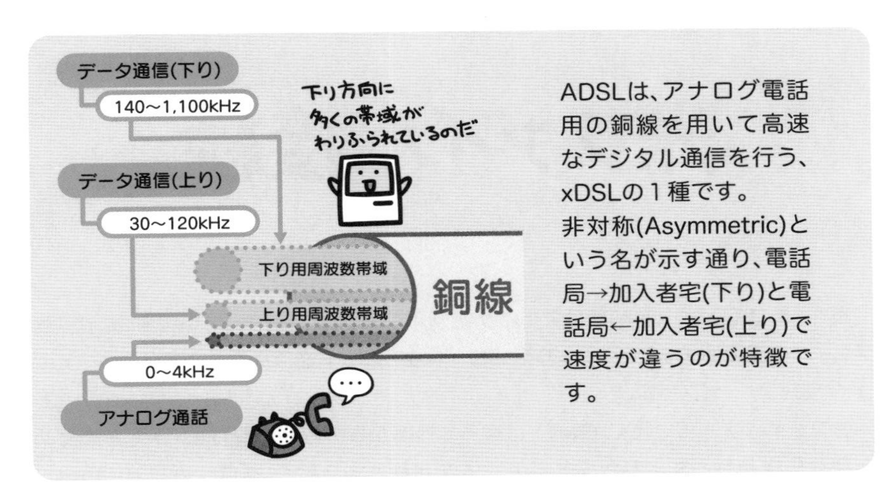

ADSLは、周波数帯域の非対称性から、インターネットから画像や文章を持ってくる下り用途(ダウンロード)が速く、逆の上り用途(アップロード)は遅くなっています。

データ通信はスプリッタによって切り分けられて、NTTの電話交換機を介さずにインターネットへ繋がるため、利用時間に関係なく一定額でサービスを受けることができます。

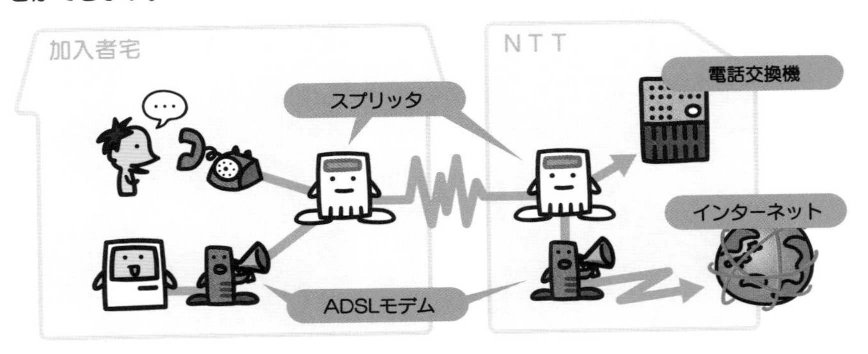

光ファイバ接続

現在、電話局と加入者宅間はアナログ電話用の銅線で接続されています。これを光ファイバに置き換えることで、より高速なインターネット通信を可能とするのが、光ファイバ接続サービスです。

光ファイバは外乱に強く、銅線とは違って外部からの影響を受けません。そのため、高速な伝送特性を生かした高品質の通信が可能となります。通信速度は10Mbps～2Gbpsと非常に高速で、従来は現実的ではなかった音楽や動画といったマルチメディアコンテンツの配信もじゅうぶん実用的となりました。現在は、ネットワークを利用した各種サービスのインフラとして、様々な用途に活用されています。

こうした光ファイバ網による接続サービスは、当初は東京・大阪・名古屋といった大都市や政令都市クラスまでに限られていました。しかしサービスインから数年が過ぎたあたりで、かなりの範囲が網羅されるようになり、今ではNTTやKDDIなどが全国的なサービスとして手がけています。

一方で、以前は「光ファイバ接続までのつなぎ技術」と見られていたADSLとは、共存していく方向に収束しつつあります。光ファイバ接続はサービス料金がそれなりに高価であるため、より安価なADSLサービスと比較して、利用者が「自身の求める速度に応じてサービスを選択する」といったスタイルに落ち着きつつあるのです。

4

関連用語

ADSL……102
ISDN……98
bps(bits per second)……128
インターネット(the Internet)……168

光ファイバとは、光によって情報を伝達するケーブルのこと。
このケーブルを用いることで、銅線の場合よりも高速かつ高品質なデジタル通信を可能にするのが、光ファイバ接続サービスです。

このサービスでは、電話局(収容局)と加入者宅間に敷設されている銅線を、光ファイバに置き換えます。

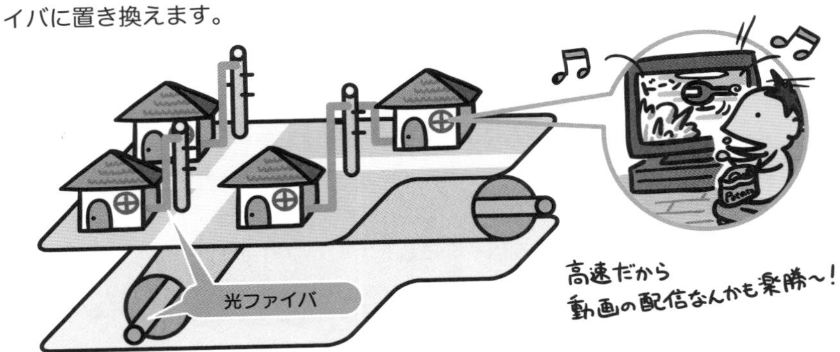

光ファイバは非常に高速な伝送能力を持っており、銅線と違って外乱にも強いため、きわめて高品質な通信が可能となります。

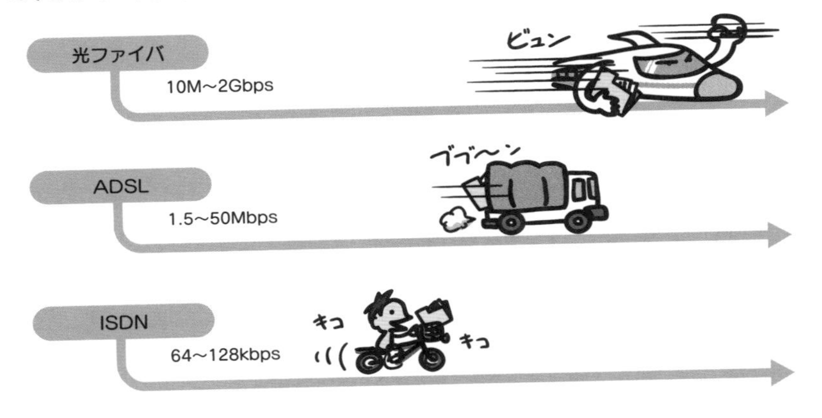

WiMAX（ワイマックス）
(Worldwide Interoperability for Microwave Access)

WiMAXとは、最長で50kmの伝送距離と75Mbpsの伝送速度を持つ、高速な無線通信規格のことです。「WiMAX」という名前は業界団体のWiMAXフォーラムによって付けられた愛称であり、IEEE 802.16aという規格をベースに定められた、IEEE 802.16-2004という規格がその中身となります。

無線通信という枠で捉えれば、IEEE 802.11acなどによる無線LANが思い浮かびますが、無線LANが宅内など狭い範囲のLANをカバーする想定であるのに対して、WiMAXは数10kmという中長距離エリアをカバーする目的で用いられるものです。

WiMAXフォーラムでは各社の通信機器テストを行っており、そこで機器間の互換性を検証しています。同フォーラムによって互換性が確認できた機器には、「WiMAX準拠」という認定が与えられ、これによってメーカー間の相互接続性が保証されます。

WiMAXには他にも、IEEE 802.16-2004に対してハンドオーバーの仕様を付加したIEEE 802.16eという規格をベースにしたものがあります。こちらは「モバイルWiMAX」と呼ばれるもので、携帯電話やPHSのような移動体端末で高速なデータ通信を行うための規格です。

4

関連用語

LAN(Local Area Network) ······ 62
無線LAN ······ 76
ADSL ······ 102
光ファイバ接続 ······ 104
携帯電話 (Cellular Phone) ······ 240
スマートフォン ······ 244
PHS(Personal Handyphone System) ······ 242
ハンドオーバー ······ 250

WiMAXというのは、数10kmという広い範囲をカバーする無線通信規格のこと。過疎地域に対して、ブロードバンドサービス(高速なインターネット接続サービス)を提供する手段として注目されています。

通常だと、ブロードバンドサービスというのは、光ファイバ接続やADSLで提供されるのが一般的です。

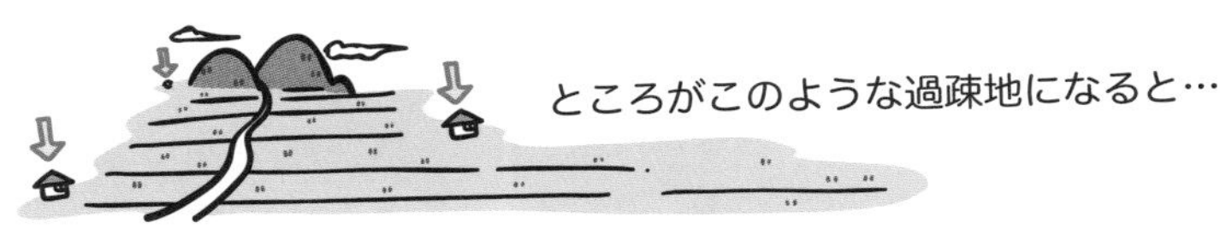

ところがこのような過疎地になると…

回線を敷設しようにも、あまりに基地局から距離がありすぎて、コスト面的にも現実的じゃなかったり。

無線で通信することができるので、各戸への回線敷設コストを考える必要なしに、ブロードバンドサービスが提供できるのです。

IP電話

電話網の一部をインターネット経由に置き換えた電話サービスのことです。途中の回線をインターネット経由にすることで、従来の「距離と時間に応じた従量課金制」を採る必要がなく、多くの事業者が「距離に依らず一定な安い電話料金」を売りにサービスを提供しています。

IP電話のIPとは「Internet Protocol」の略で、そのものズバリ「Internet Protocolを利用した電話サービス」という意味を示します。初期の頃は事業者毎に独特な規格を用いるケースがほとんどで、あくまでも閉じた範囲内の通話サービスに限られていました。しかし現在では、VoIP (Voice over IP) というIPネットワーク上で音声通話を実現する技術に対してH.323という標準規格が定められ、各社がVoIP用の機材として開発するルータや交換機に関してもこの規格に準ずるようになりました。そのため相互の接続制が向上することとなり、通信事業者のみでなくISP (Internet Service Provider) のサービスメニューにも名を連ねるほど、広く一般に普及するようになっています。

ただしIP電話という言葉を、上記のような通信事業者の提供する「VoIP技術を利用した電話サービス」に限るのは狭義の場合であり、「インターネットを介した音声通話全般」をIP電話と呼ぶことも珍しくありません。その場合は、SNSやチャット用アプリケーションを介した音声通話なども、この枠内に入ることとなります。

関連用語

ネットワークプロトコル …… 34
IP(Internet Protocol) …… 40
ルータ …… 120
モデム …… 126
ゲートウェイ …… 130
インターネット(the Internet) …… 168
ISP(Internet Services Provider) …… 170

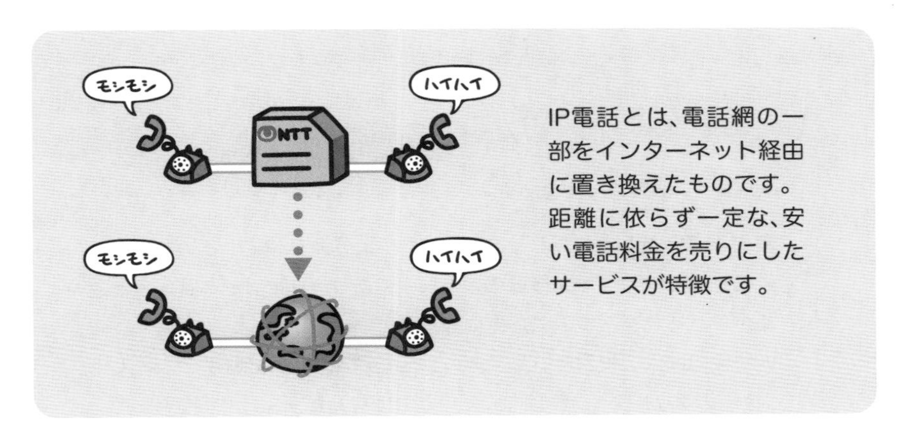

IP電話とは、電話網の一部をインターネット経由に置き換えたものです。距離に依らず一定な、安い電話料金を売りにしたサービスが特徴です。

音声は、VoIP機能を持つルータなどによって、パケットに変換されます。

そしたらそのパケットは、Internet Protocolを使って相手先へと届けられ…

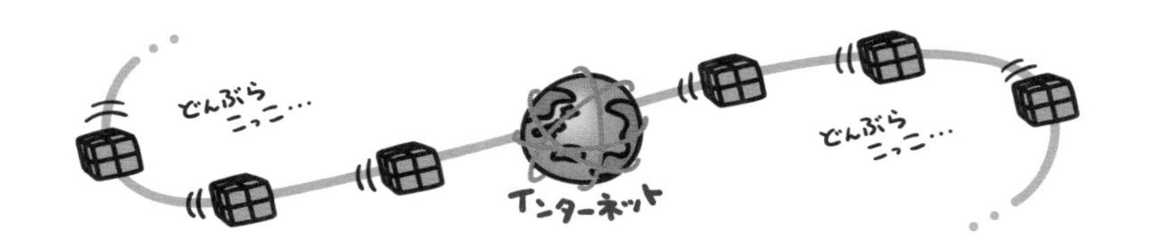

ふたたび音声にもどって、電話の役目を果たします。

column

WANと電線

僕が新卒入社したコンピュータソフトウェア会社は、小さいながらも規模拡大中でオフィス移転のまっ只中にあり、開発部と本社の入居ビルがそれぞれ道一つ隔てた先に分かれていました。

入社後の新人の役目といえば、なんといっても社内の雑用です。そして、社内のネットワーク管理なんていうのはなんだかんだと「雑用一般やらされます係」みたいなところがあるので、自然とそのお手伝いをすることになるわけです。

ある日、そうしたお手伝いとして、新しく一括購入したパソコンに、WindowsNTというOSをインストールせよというお達しが下りました。本社の隅っこに機材を並べ、渡された手順書をもとにCDを入れてひとつずつ設定を進めていくわけですが、なんせ何もわからないド素人だった僕。これだけのことでも胸はドキドキです。手順を間違えるとパソコンが壊れてしまうんじゃないかと思ったりしてね。

インストールが無事終わり、簡単な設定まで完了するとネットワーク管理者さまの登場です。手順書通りの設定であることを確認して、おもむろにその人が叩いたコマンドがTelnet。ネットワークの導通を確認するんだと言って、開発部内のUNIXマシンへログインしてみせたのです。

「へ!? な、なんでそんなことができるんですか!?」

見ているこっちは驚くしかありません。正直かなりの衝撃でした。だって道一つ隔てたビル内のコンピュータへ接続してるんですよ？なぜそんなことができるのか、まるで魔法でも見せられたような気分でした。

「ああ、あっちとこっちのビルを専用線でつないでるからね」

そうなのか、専用のケーブルで接続されてるんだ……。

この後しばらく、ビルの前に立つ電柱を「あの電線がそうなのかな？」などと出勤時に毎朝眺めていた僕。とても若かったなあと思います。

5章

ハードウェア編

NIC（ニック）
(Network Interface Card)

　ネットワークインターフェイスカードの略です。コンピュータをネットワークに接続するための拡張カードを示し、他に「LANボード」「LANカード」「LANアダプタ」といった呼び方があります。現在もっとも普及しているのがEthernet規格であるため、単にNICといった場合には、Ethernet用のカードを示すことがほとんどです。

　NICはネットワークとのインターフェイスであり、物理的なネットワークとの接点というべきものです。ネットワークを送られてきたデータは、ケーブル上では単なる電気信号ですが、NICを介することで解釈可能な通信データとしてコンピュータに送られるのです。

　NICの形態としては、コンピュータ内のPCIバスと呼ばれる拡張スロットに増設する形態のものが、かつては一般的でした。しかし、ネットワークの必要性が高まるに従い、本機能はパソコン内部の基本パーツである「チップセット」へ組み込まれていることが普通になりました。したがって現在のパソコンはほとんどの場合ネットワークインターフェイスを標準で備えており、利用者が別途増設するケースは多くありません。「カード」という物理形態を実感することもあまりないでしょう。

　ただ、現在もNICにはPCI Expressバス用やUSB用など様々な形態があり、使用するコンピュータに適したものを選択できるようになっています。

　現在チップセットに内蔵されているNICの機能は、高速な1000BASE-T規格に対応したものが一般的です。その通信速度は1Gbpsに及びます。

関連用語

LAN(Local Area Network) …… 62
Ethernet …… 72
LANケーブル …… 114
bps(bits per second) …… 128

NIC(Network Interface Card)とは、コンピュータをネットワークに接続するための拡張カードのことです。PCI Expressバス用、PCIバス用、USB用など、様々な形態の製品があります。

NICは送信データを電気信号へと変換してケーブル上に流します。

コンピュータに取り付けたNICにLANケーブルを接続することで、コンピュータとネットワークとが接続されます。

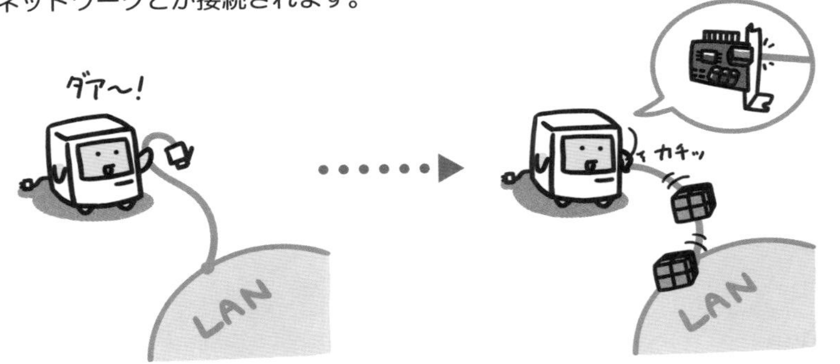

LAN（ラン）ケーブル

ネットワーク上の各ノードを接続するために使うケーブルがLANケーブルです。ネットワーク接続に用いるため、ネットワークケーブルとも呼びます。ケーブルの種類は単一ではなく、使用するネットワークの規格に応じて様々な種類があります。

バス型LANであるEthernetの10BASE-2や10BASE-5といった規格では、テレビの接続に使うような同軸ケーブルをLANケーブルとして用います。そのケーブル特性についても定められており、10BASE-2では太さ5mmの同軸ケーブル（Thin coax）、10BASE-5では太さ10mmの同軸ケーブル（Thick coax）を利用します。

スター型LANであるEthernetの10BASE-Tや100BASE-TX、1000BASE-Tといった規格では、ツイストペア（より線）ケーブルを用います。これは電話線のモジュラーケーブルと似た構造を持つもので、電話線が4本の内部線を持つのに対し、8本の線をそれぞれ対により合わせた4対のツイストペア構造となっています。このケーブルは等級によってさらにカテゴライズされており、カテゴリ3が10BASE-T用、カテゴリ5が100BASE-TX用、カテゴリ5e/カテゴリ6が1000BASE-T用となります。カテゴリはアッパーコンパチ（上位互換）となっているため、上位のカテゴリ5eを使って100BASE-TXネットワークを構築しても問題ありません。

最後にリング型LANとなるToken Ringですが、こちらもEthernetの10BASE-Tや100BASE-TXと同様にツイストペアケーブルを用います。使用するケーブルのカテゴリは伝送速度によって異なり、4Mbpsの場合にはカテゴリ3、16Mbpsの場合にはカテゴリ4を用います。

関連用語

LANケーブルは、各コンピュータをネットワークと物理的に接続するために用いるケーブルです。
電気信号に変換された通信データの通り道となります。

LANケーブルで接続することによって、コンピュータは互いにデータをやり取りできるようになります。

LANケーブルには、使用するネットワークの規格に応じて様々な種類があります。

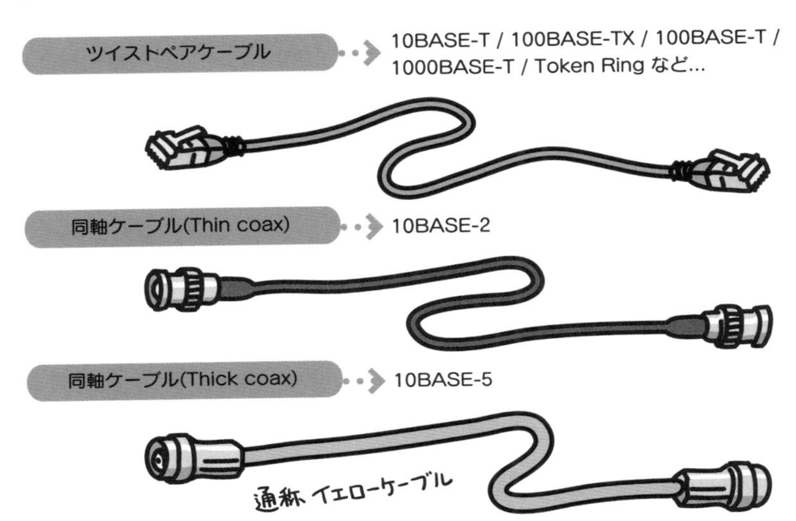

リピータ

OSI参照モデル第1層（物理層）の中継機能を提供する装置です。

ネットワークは、LANケーブル上に電気信号を流すことで通信データを送出します。しかし、ケーブルが長くなるにしたがって、その中を流れる電気信号は減衰して、最終的には解釈不可能な信号となってしまいます。そのため、LANの規格においては10BASE-5や10BASE-Tといった各方式ごとに、ケーブルの総延長距離が定められています。リピータはこの減衰してしまった信号を増幅して送出することで、LANの総延長距離を伸ばすことができる中継器というわけです。

このリピータ、イメージとしては拡声器のようなものを想像すれば良いでしょう。本来なら聞こえないほど遠くの場所でも、途中で拡声器によって音声を増幅することで、こちらにまで音を届かせるという動作に似ているからです。ただしその特性上、単純に入力された波形を整形して送出するだけになりますから、本来なら中継する必要のないエラーパケットなども中継してしまいます。これは無駄なデータがネットワーク上を必要以上に流れてしまうことになり、効率という面では望ましくありません。

Ethernetでは、このリピータを4つまで同一経路上に用いて、総延長距離を伸ばすことができます。上限が用いられているのは、何段階もリピータを経由すると信号が歪んで解釈不能になってしまうことと、総延長距離が長くなりすぎることによって、コリジョン（衝突）検知の仕組みが有効に動作しなくなってしまうことからきています。

このリピータを複数束ねてマルチポート化したものをハブと呼びます。

5

関連用語

OSI参照モデル……36
パケット……46
LAN(Local Area Network)……62
Ethernet……72
ハブ……122
コリジョン……132

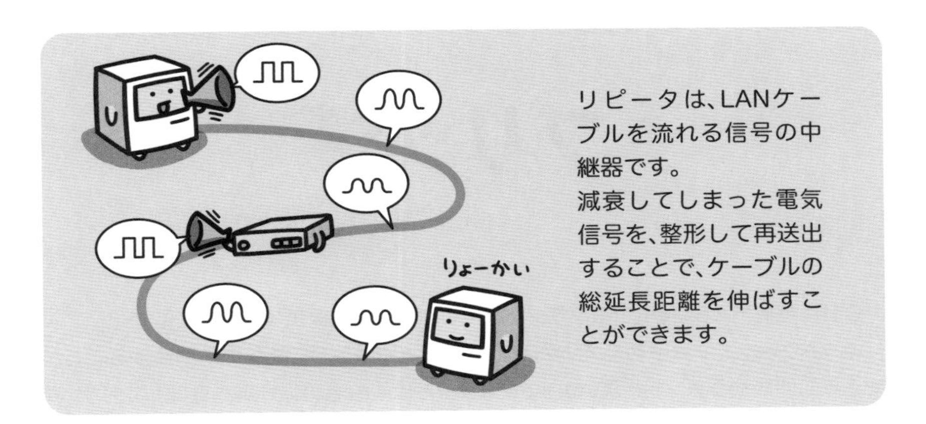

規定以上の距離で通信を行おうとすると、信号が歪んでしまうために正しく通信を行うことはできません。

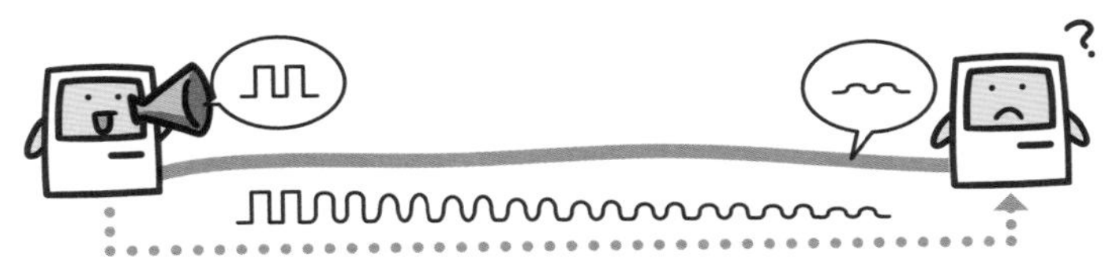

この時、間にリピータを挟んで信号を整形させることで、信号の歪みを解消することができます。

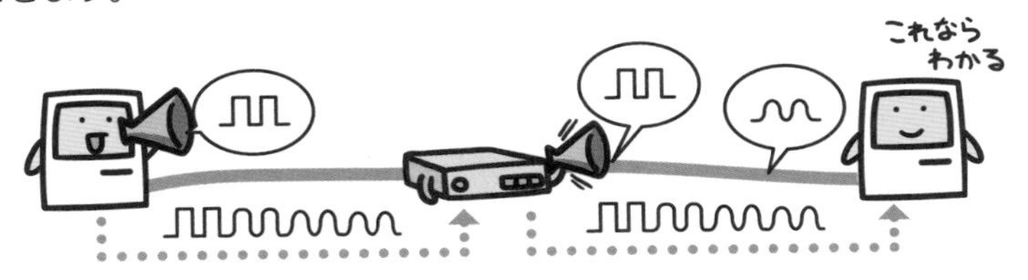

ただし入力された波形を整形して送出するだけなので、不要な通信パケットも中継してしまいます。

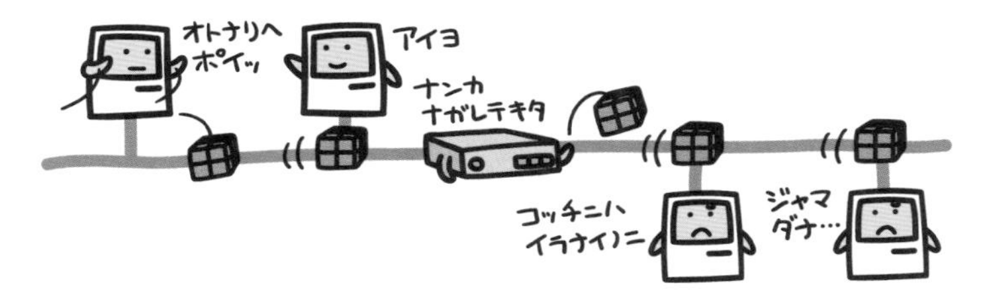

ブリッジ

OSI参照モデル第2層（データリンク層）の中継機能を提供する装置です。

ネットワーク上で単一の機器から送出されたパケットが、無条件に到達することができる範囲をセグメントと言います。ブリッジとはその名の通り橋を意味しており、異なるセグメント間を橋渡しする役目を担います。

ブリッジは、受信したパケットを検査することで、送信元と送信先の物理アドレス（MACアドレス）を記憶します。これをもとにアドレステーブルを作成して、以後は中継を行うセグメントのどちら側に送信先となるアドレスが存在するかを把握します。

受信パケットの送信先がアドレステーブル内に存在していた場合、ブリッジはそのアドレスが属しているセグメントに対してのみパケットを送出します。これによって、ネットワーク上におけるパケットの流れが制御されて、セグメント内のネットワーク効率が高まります。

ブリッジは伝送されてきたパケットを中継して再送出しますので、これを用いることでリピータと同様にLANの総延長距離を伸ばすことができます。また、ブリッジであれば、不要なパケットがセグメントを越えて流れることもありませんから、コリジョン（衝突）検知に関して問題が起きることもなく、そのためリピータにあったような多段接続の制限もありません。

しかし、ブリッジの主な目的はLANの総延長距離を伸ばすことではありません。セグメントを分けることで不要なパケットの流れを抑え込み、ネットワーク効率を高めることが主の目的です。

このブリッジを複数束ねてマルチポート化したものをスイッチングハブと呼びます。

関連用語

OSI参照モデル……36
パケット……46
LAN（Local Area Network）……62
スイッチングハブ……124
コリジョン……132
MACアドレス……134

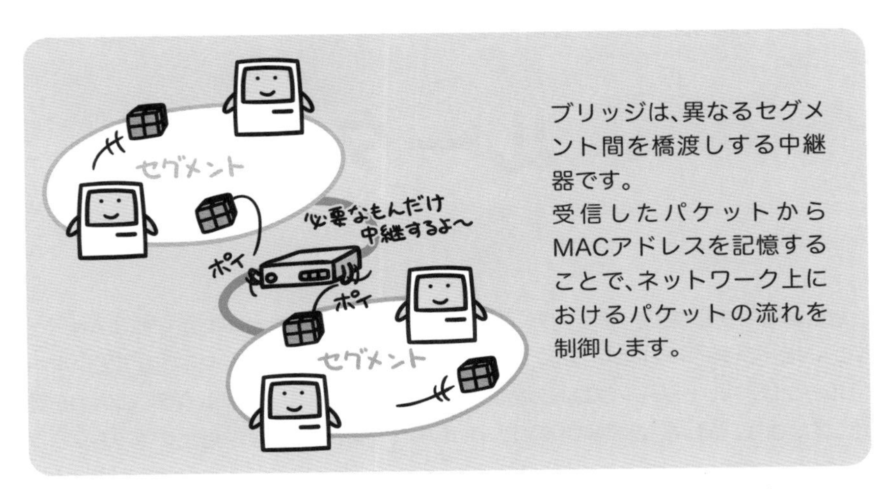

ブリッジは、接続されているコンピュータのMACアドレスを記憶します。

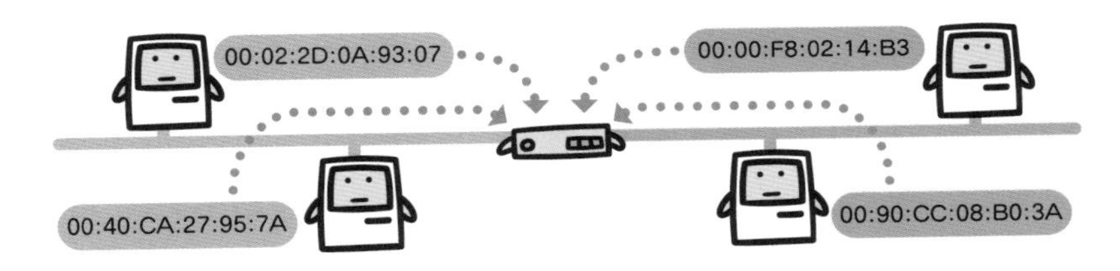

記憶したアドレステーブルをもとに、セグメント間を橋渡しする必要のあるパケットだけ中継を行います。

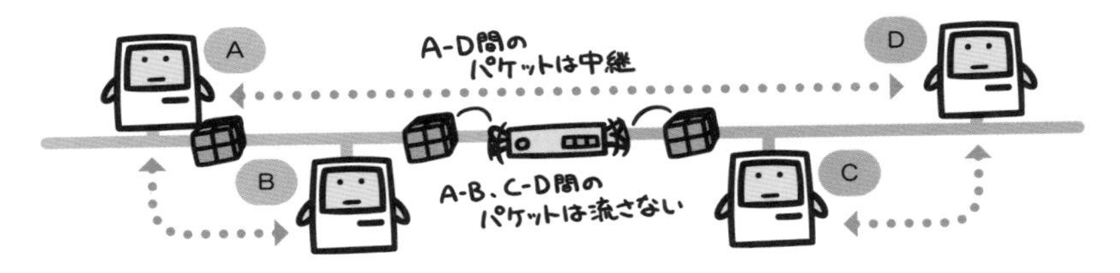

中継するパケットの送出にあたってはCSMA/CD方式に従うため、コリジョンの発生を抑制することができます。

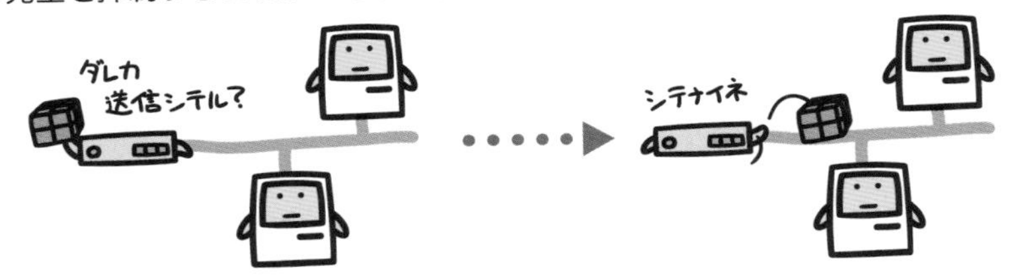

ルータ

OSI参照モデル第3層（ネットワーク層）の中継機能を提供する装置です。LAN同士やLANとインターネットといった、異なるネットワークを相互接続するために用います。

ルータは、ネットワークプロトコルレベルで経路情報（ルーティングテーブル）を管理しています。そして、この経路情報に基づいて、通信データを送信先のネットワークへと中継します。

このルータが対応するプロトコルは製品ごとに決まっており、安価な製品であればIPにのみ対応していることが一般的です。そうした製品では、経路選択のために用いるアドレス情報として、IPアドレスを用いることになります。

IPアドレスを住所と見た場合、ルータの役割は郵便局の役割と似ています。郵便局では、地域ごとに郵便物の管理を行っており、担当地域内から発送された郵便物は、地域内宛てならそのまま配送し、地域外宛てであれば一旦そちらの郵便局へと配送します。ルータもこれと同じで、IPアドレスという住所をもとに、自分の属するネットワーク内（地域内）宛てであれば外部へは流さず、外部のネットワーク（地域外）宛てであった場合に、そちらのネットワークを担当するルータへとパケットを送出するわけです。とはいえインターネットのように、接続されたネットワークが膨大な数になる場合には、直接相手先のネットワークへ送信することは不可能です。その場合は、より処理に適していると思われるルータへデータを送り、そのルータからさらに適したルータへとまた送られていくことで、最終的には目的のネットワークへ届けられるという仕組みになっています。

関連用語

ルータは、LANとLAN、もしくはLANとインターネットといった、異なるネットワークを相互に接続するものです。
ネットワークプロトコルとしてIPに対応したものが一般的で、パケットのIPアドレスをもとに転送先を選択し、ネットワークの中継役を担います。

ルータは、LAN内に宛てたパケットを受信すると、外部へは流さずにそのまま配送します。

他のネットワークへ宛てたパケットを受信した場合は、そちらのネットワークを担当するルータに配送を依頼します。

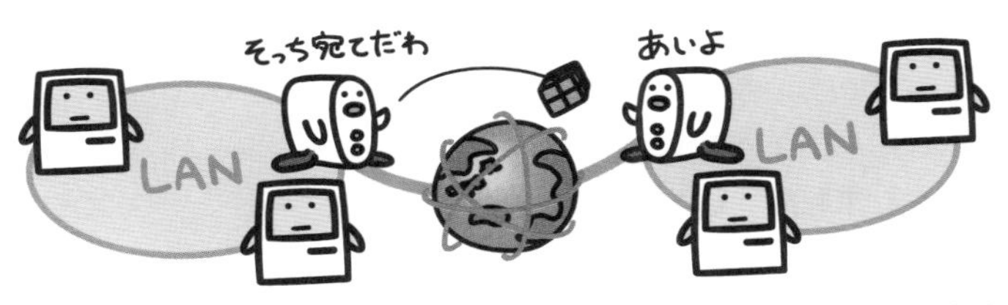

さらに遠方にあって直接やり取りが行えないネットワーク宛ての場合も、より適したルータへとバケツリレーを繰り返すことで、問題なく届けることができます。

ハブ

ハブは複数のLANケーブルを接続するための集線装置です。Ethernetの10BASE-Tや100BASE-TX、1000BASE-Tといった規格においては、このハブを中心として各コンピュータをLANケーブルで接続し、スター型LANを形作ります。

ハブへの接続には、LANケーブルとしてツイストペア（より線）ケーブルを用います。ケーブルの先端はRJ-45モジュラジャックという規格になっており、ハブにはこのジャックの差し込み口が複数用意されています。こうした差し込み口のことをポートと言います。

コンピュータは、ポートに対して1対1で接続するため、ハブの有するポート数がそのハブに接続できるコンピュータ数ということになります。4ポートから24ポートまで様々なポート数を持つ製品が出回っていますが、もし、ポート数が足りなくなった場合でも、複数のハブを連結することで、後からでも容易にポート数を増やすことができます(これをカスケード接続と言います)。

ハブにも10BASE-Tや100BASE-TX、1000BASE-Tなど対応するネットワーク規格が定められています。したがって、使用にあたってはLANに用いている規格に沿ったものを選択しなくてはいけません。ただし、デュアルスピードハブと呼ばれる製品では、10BASE-T/100BASE-TX双方に対応しているため、このハブを利用した場合は双方の規格を混在させて利用することが可能です。

もっとも単純なハブは内部的にはリピータを複数束ねたものであるため、マルチポートリピータ、リピータハブなどとも呼ばれ、多段接続の制限などリピータと同様の制約が設けられています。ただし1000BASE-Tは規格上この形式のハブではなく、すべて「スイッチングハブ」を用います。

関連用語

LAN(Local Area Network) 62
スター型LAN 66
Ethernet 72
LANケーブル 114
リピータ 116
スイッチングハブ 124

ハブは、複数のLANケーブルを接続するための集線装置です。
内部的にはリピータを複数束ねたものであるため、マルチポートリピータ、リピータハブなどとも呼ばれます。

ハブにはLANケーブル接続用のポートが複数備わっています。このポートへコンピュータを接続します。

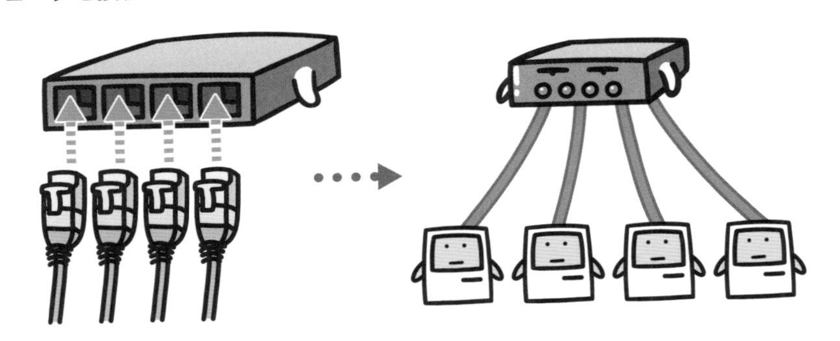

リピータと同様に、入力を単純に整形して出力するだけなので、送信されたデータは全ポートに対して出力されます。

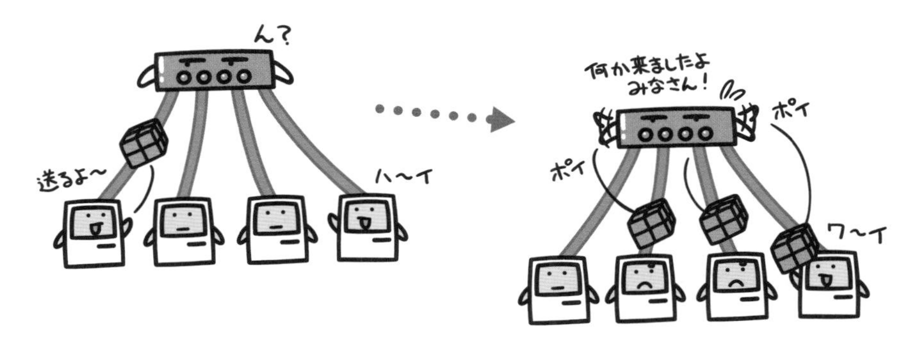

スイッチングハブ

スイッチング機能を持つハブで、通常のハブと同様に、複数のLANケーブルを接続するための集線装置です。スイッチング機能とは、ハブの持つ複数ポートのうち実際に通信が発生したポート間のみを直結して、他のポートには不要なパケットを流さないようにするものです。

リピータの集合体であるハブ（以後リピータハブ）とは異なり、スイッチングハブはブリッジをマルチポート化したもので、マルチポートブリッジとも呼ばれます。受信パケットを全ポートに対して送出するリピータハブとは違い、スイッチングハブでは実際に通信を行うポート間にしかパケットを流しません。そのため、他のポートは同時に別の通信を行うことができます。これはパケットの衝突を抑制することにもなるため、ネットワーク効率の向上につながります。また、ブリッジの特性を引き継ぎますので、リピータハブにあるような多段接続に対する制限もありません。

スイッチングハブでは、パケットを受信した時に、そのパケットが送られてきたポートと、パケットに記述された送付元のMACアドレスを対応付けて表にします。この対応表によって、どのポートにどのMACアドレスを持つ機器が接続されているかを管理し、実際のポート振り分けを行うのです。

高速な通信規格である1000BASE-Tに対応したハブは、すべてこのスイッチングハブになります。

関連用語

LAN(Local Area Network) ……… 62
スター型LAN ……… 66
Ethernet ……… 72
LANケーブル ……… 114
リピータ ……… 116
ブリッジ ……… 118
ハブ ……… 122
MACアドレス ……… 134

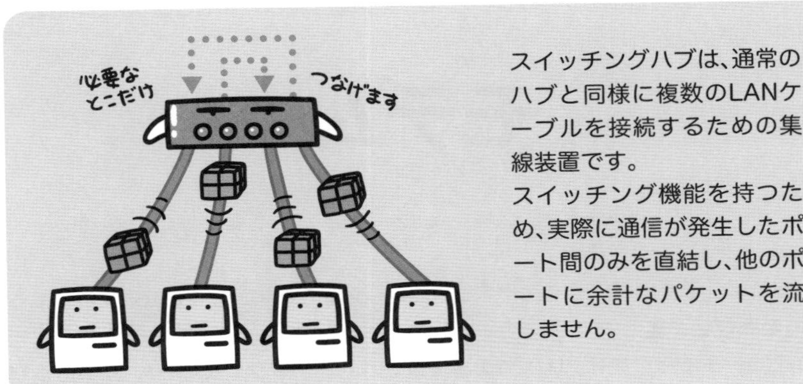

スイッチングハブは、通常のハブと同様に複数のLANケーブルを接続するための集線装置です。
スイッチング機能を持つため、実際に通信が発生したポート間のみを直結し、他のポートに余計なパケットを流しません。

スイッチングハブは各ポートに接続された機器のMACアドレスを記憶して、通信を行うポート間を直結します。

一部のポートが通信中でも、他の空いているポート同士で通信を行うことができるため、帯域を有効に使うことができます。

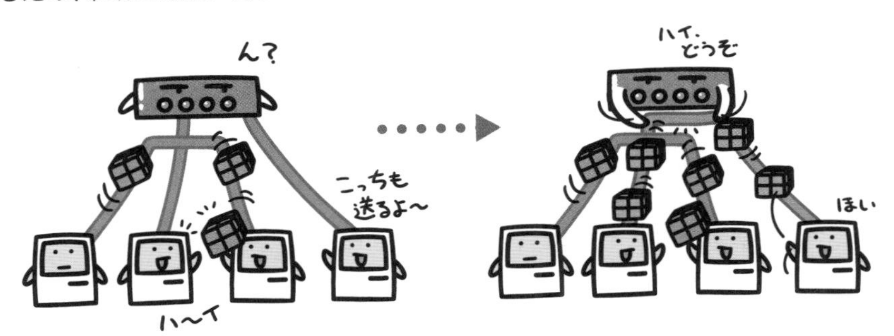

モデム

モデムとは、アナログ回線を用いてコンピュータのデジタル信号を伝送可能にするための変調復調装置です。

コンピュータで扱うデータは0と1のみで表現されるデジタル信号であるため、電話回線のように音声の伝送を主とするアナログ回線に信号をのせるには、デジタルからアナログへの変換を行う必要があります。また、そのように変換されて送られてきたデータは、アナログから逆にデジタルへと変換して受信しなくてはいけません。

このような、デジタルからアナログへの変換を変調（modulation）、アナログからデジタルへの変換を復調（de-modulation）と呼び、この変調復調を行ってアナログ回線とコンピュータとの橋渡しをする装置がモデムです。モデムという名前は、変調の頭文字MOdulationと復調の頭文字DE-Modulationを組み合わせたところから来ています。

電話回線を用いて通信を行う一般的なモデムはアナログモデムであり、56kbpsの速度で通信を行うことができます。このアナログモデムにより通信を行っている最中には、電話機の受話器を取ると「ピー、ガガガガ…」という音が電話回線から聞こえてきます。これが、デジタルデータをアナログの音声に変調した音というわけです。

モデムには他に、電話回線を用いてADSLによる通信を行うためのADSLモデムや、ケーブルTV網を利用して通信を行うケーブルモデムなどがあります。

関連用語

ADSL……102　bps(bits per second)……128

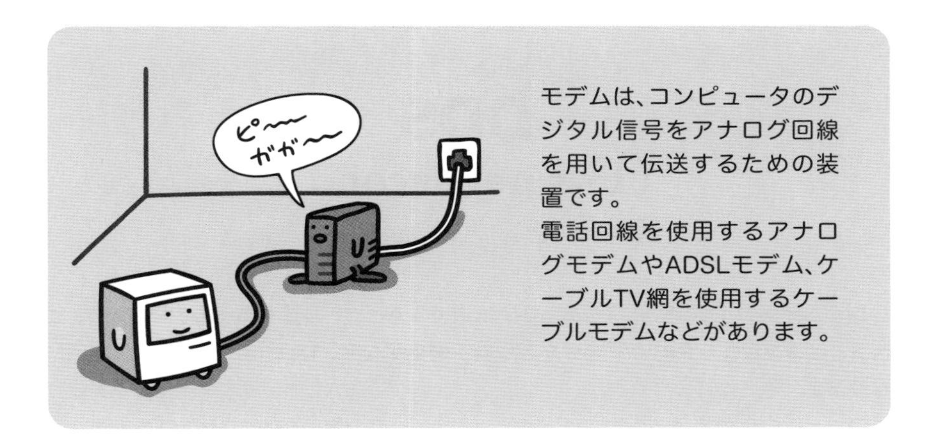

モデムは、コンピュータのデジタル信号をアナログ回線を用いて伝送するための装置です。
電話回線を使用するアナログモデムやADSLモデム、ケーブルTV網を使用するケーブルモデムなどがあります。

送信時には、デジタル信号からアナログ信号への変換を行います。

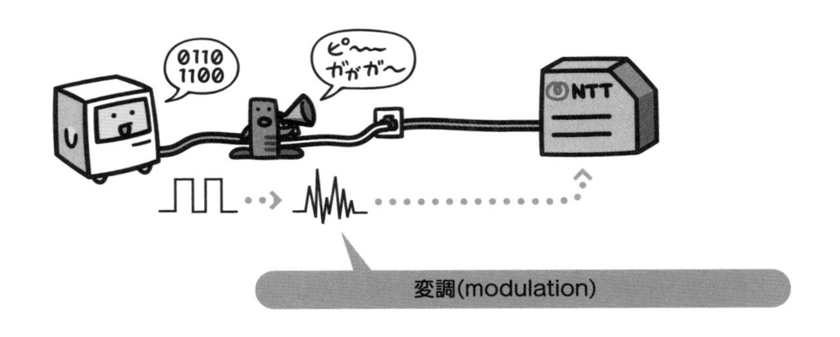

受信時には、送信時の逆にアナログ信号からデジタル信号への変換を行います。

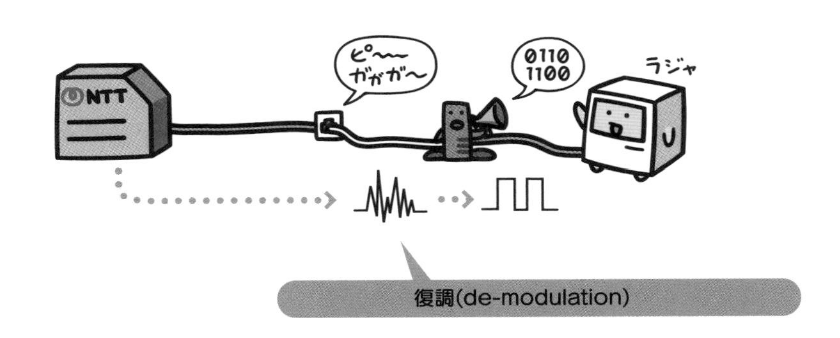

ビーピーエス

bps
(bits per second)

bits per secondの略で、1秒あたりに転送できるビットの数をあらわす単位です。ビットとはコンピュータ内のデータをあらわす最小単位で、1または0のいずれかが値となります。

コンピュータの扱うデジタルデータとは、スイッチの電気的なON/OFFを示す2進数のデータです。ビットとは、そのON/OFF状態を保持するための最小単位と捉えれば良いでしょう。

たとえばアナログモデムの転送速度である56kbpsとは、1秒間に56k（約56,000）ビットの情報を転送できることを示します。LANの規格である100BASE-TXだと、100Mbpsの転送速度を持ちますので、1秒間に100M（約100,000,000）ビットの情報を送ることができるわけです。

ビットと同様に、コンピュータのデータ量をあらわす単位としてよく用いられるのがバイトです。バイトはビットよりも大きな単位で、8ビットが1バイトとなります。たとえばCD-ROMには650Mバイトのデータを納めることができますが、これをビットであらわすと5,200Mビットということになります。

さて、bpsは転送速度の単位ですから、この単位であらわす数値を用いることで、データ転送に要する時間を計算することができます。たとえばアナログモデムは56kbpsという転送速度です。これでCD-ROM1枚分のデータを丸ごと転送しようとすると、650Mバイト（＝5,200Mビット＝5,200,000kビット）÷56kビットとなり、1,548分（92,858秒）かかることがわかります。より高速な100BASE-TXでは、650Mバイト（＝5,200Mビット）÷100Mビット＝52秒となり、同じデータ量でも1分足らずの時間で転送できることがわかります。

関連用語

LAN(Local Area Network) …… 62
Ethernet …… 72
モデム …… 126

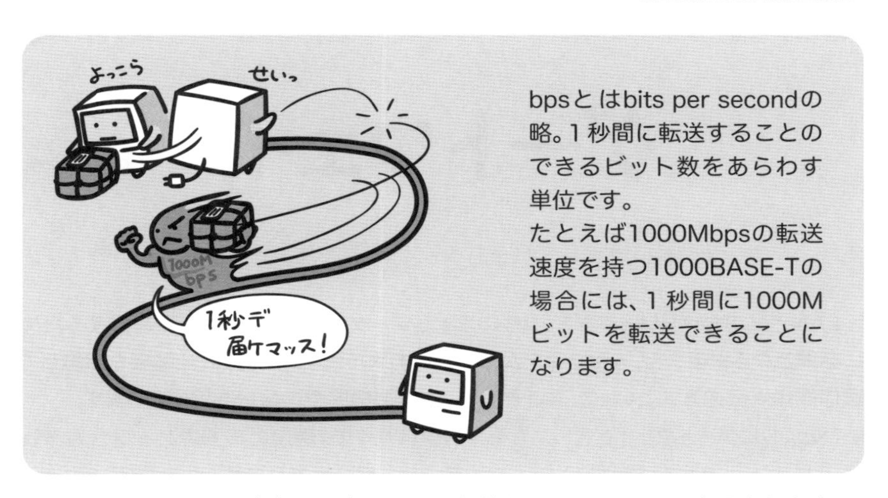

bpsとはbits per secondの略。1秒間に転送することのできるビット数をあらわす単位です。
たとえば1000Mbpsの転送速度を持つ1000BASE-Tの場合には、1秒間に1000Mビットを転送できることになります。

コンピュータの扱うデジタルデータは、電気的なON/OFFのみで表現されます。

●●●▶ この状態を表現するための単位がビットです。スイッチがONの時は1、OFFの時は0というようにして状態をあらわします。

このような電球が8個あったとすると、表現できるパターンは256通りの組み合わせが存在します。

●●●▶ ビットが8個集まることで、バイトという単位になります。このバイトがデータを表現するための基本単位となります。

コンピュータは、この256通りの組み合わせを使って、たとえばどことどこがONならAを表示といった具合に文字を表現します。

●●●▶ このような数値の集まりが実際のデータとなります。bpsとは、こうしたデータを流すことができる速度を示すものです。

ゲートウェイ

LANと外のネットワークなど、2つのネットワークを接続して、相互に通信するために必要となる機器、もしくはシステムのことです。OSI参照モデルの全階層を認識して、通信媒体や伝送方式といった違いを吸収し、異機種間での接続を可能とします。

ひとくちにゲートウェイと言ってもその内容は様々で、専用の機器である場合もあれば、コンピュータ上で稼動するソフトウェアである場合もあります。

たとえば電子メールを例にとってみると、インターネットにおける標準的な電子メール、Lotus社のNotesメール、携帯電話から送られる電子メールなど、その規格は様々です。これらはメール自体に関する規格も違えば、ネットワークを伝送される形式も異なりますが、お互いに送信しあうことが可能です。これはメールゲートウェイと呼ばれる、電子メール用のゲートウェイが相互にフォーマットを変換しているからです。

このように相手方のネットワークに沿った規格へ変換して、相互乗り入れを可能とするのがゲートウェイの特徴です。

単にゲートウェイと言った時はルータを指すことが多く、この場合はLANから外のコンピュータへアクセスする場合の出入り口という意味を持ちます。この時標準として使用されるゲートウェイのことをデフォルトゲートウェイと呼び、LAN外に向けたパケットは、一旦このデフォルトゲートウェイへ送られてから、外のネットワークへと流されることになります。

関連用語

OSI参照モデル……36
パケット……46
LAN(Local Area Network)……62
ルータ……120
インターネット(the Internet)……168
電子メール(e-mail)……184

ゲートウェイとは、異なる2つのネットワークを接続して相互に通信するために必要となる、機器やシステムのことです。単にゲートウェイと言った場合には、ルータを指すことがほとんどです。

ゲートウェイは、異なる規格の仲介役として、翻訳機のように振舞う存在です。

たとえば古い形式の(いわゆるガラケーと呼ばれる端末の)携帯メールとインターネットの電子メールとでは、間にメールゲートウェイというシステムが入ることで、相互に送りあうことを可能にしています。

単にゲートウェイと言った場合には、LANと外部ネットワークとの出入り口にあたるルータを指します。

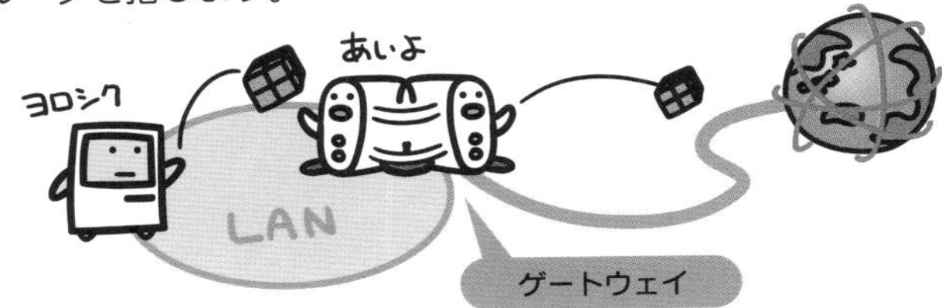

コリジョン

　コリジョンとは衝突という意味です。ネットワーク上のコンピュータが、同時にパケットを送出したために生じる衝突を意味します。
　Ethernetなど、CSMA/CD方式のネットワークでは、通信路にデータを送出する前に、現在通信が行われているかどうかを確認します。その結果、誰も通信路にデータを流していない場合にパケットを送出するわけですが、確認から送出まで若干のタイムラグがあるため、同様に確認作業を終えた他のコンピュータによって、同時にパケットが送出されてしまうということが起こり得ます。
　複数のコンピュータからパケットが送出されると、そのパケットは通信路上で衝突することになります。この通信路上で発生する衝突のことをコリジョンと言います。コリジョンが発生すると衝突したパケットは破損してしまうため、正常な通信が行えなくなってしまいます。
　送信を行っているコンピュータは、コリジョンの発生を常時監視しており、衝突を検知するとジャミング信号を送って一旦送信を中止します。その後、送信しようとしていたコンピュータが個々にランダムな時間待機してから送信を試みるようにすることで、再びコリジョンが発生することを避けるのです。
　このような仕組みであるため、コリジョンの発生はネットワークの効率低下を引き起こすことにつながります。

関連用語

Ethernet……72　パケット……46

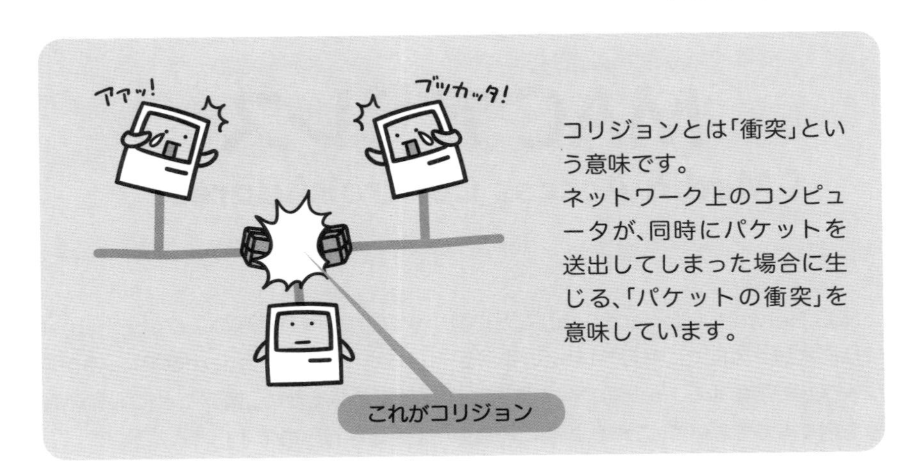

Ethernetのような CSMA/CD方式のネットワークでは、他に送信を行っている者がいない場合に限ってデータ送信を開始します。

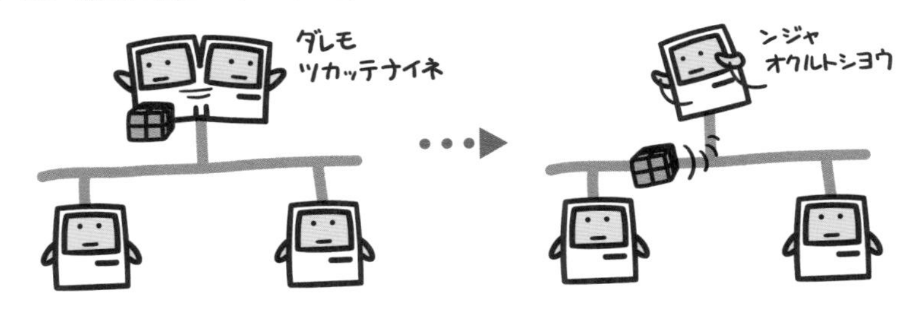

しかし、複数のコンピュータが同時に確認作業を行った場合には、送信がかぶってしまうことがあります。

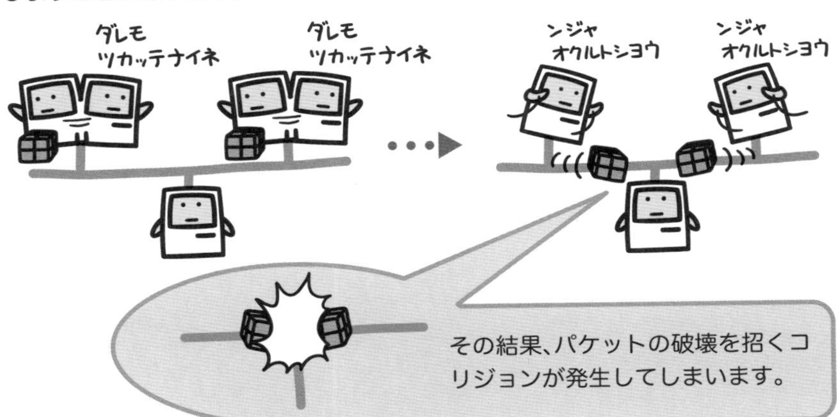

MACアドレス
(Media Access Control Address)

NIC (Network Interface Card) ごとに割り当てられた固有番号のことで、Ethernetでは必ず個々のNICに対して48bitの番号が付けられています。Ethernetでは、ネットワーク上に存在するノードをすべて識別できる必要があるため、機器ごとに固有の番号を割り当てておいて、これをもとにデータの送受信を行うのです。

MACアドレスは先頭24bitが、製造元の識別番号になります。これは、IEEE (米国電気電子学会) によって各製造元に割り当てられたベンダコードであり、必ず一意の値となっています。後半24bitは、その製造元において自社製品に割り当てる固有番号で、これも必ず一意の値を用います。この両者を組み合わせた番号によって、個々のNICに割り当てられたMACアドレスは世界でただ1つしかなく、必ず重複しない値を割り当てられていることが保証されているのです。

OSI参照モデルのデータリンク層で動作するブリッジやスイッチングハブでは、このMACアドレスをもとにノードを識別してパケットの中継を行います。MACアドレスは物理的に定義されたアドレスであり、ユーザによって変更することはできません。ただし、ネットワーク管理者を除けば、通常はユーザの方でMACアドレスを意識する機会というのはほとんどないでしょう。

関連用語

MACアドレスとは、各NIC(Network Interface Card)ごとに割り当てられた48bitの固有番号です。
データリンク層で動作するネットワーク機器は、このMACアドレスをもとに各ノードを識別します。

MACアドレスは、先頭24bitが製造元の識別番号、後半24bitが製造元において自社製品に割り当てる固有番号となっています。

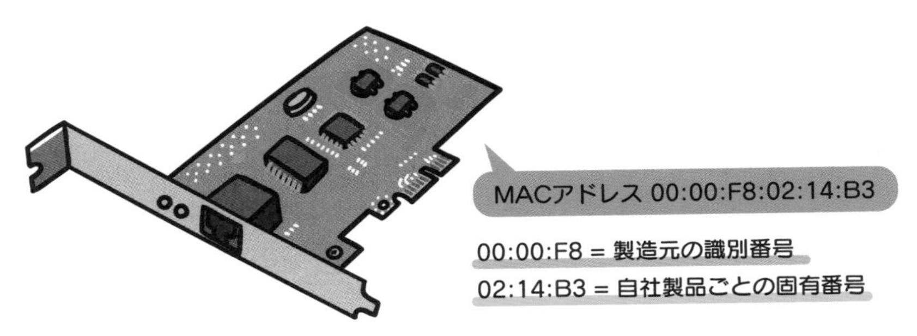

両者が組み合わさることによって、個々のNICに割り当てられたMACアドレスは、世界でただ1つしかないことが保証されます。

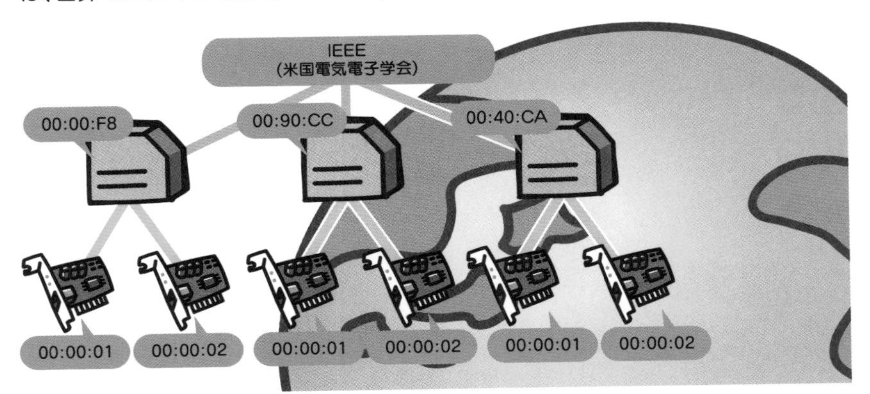

QoS（Quality of Service）

キューオーエス

QoSとは「Quality of Service」の略。Quality（品質）という語が示す通り、ネットワーク上のサービスにおいて、通信の品質を確保するために用いる技術です。

たとえばIP電話のような通話サービスや動画の配信サービスなどではリアルタイム性が重視されるため、通信の遅延が即「音声や映像が途切れ途切れになってしまう」といった障害につながります。このようなサービスに対して、優先的にネットワークの帯域を確保してあげることでその品質を保証する技術。それがQoSというわけです。

この機能は、主にルータなどのネットワーク機器が備えており、「優先制御」と「帯域制御」という2つの制御に大別することができます。

通常ルータでは到着した順番にパケットを処理しますが、「優先制御」ではパケットを使用するサービスに応じて優先度を決定し、処理の順番を入れ替えます。優先度の高いパケットを先に送り出すようにするわけです。「帯域制御」では、ルータを通過するパケットの種類に応じて、それぞれの帯域を確保したり制限したりするなどして、通信品質を保ちます。

このようにQoSは、「通信品質を確保するための制御技術」として使われる言葉ですが、より広義には「通信品質」「サービス品質」といった意味も持ちます。特定のサービスにおいてQoSを保証することを、QoS保証と言います。

関連用語

IP電話 …… 108
ルータ …… 120
パケット …… 46

QoSとは、「Quality of Service」の略。
ネットワーク上のサービスにおいて、通信の品質を確保するために用いる技術です。

QoSの機能は、主にルータなどのネットワーク機器が備えています。

QoSは2種類の制御を用いて、回線の帯域を確保するべくがんばります。

優先制御 → 使用するサービスに応じてパケットの優先度を決定し、処理の順番を入れ替えます。

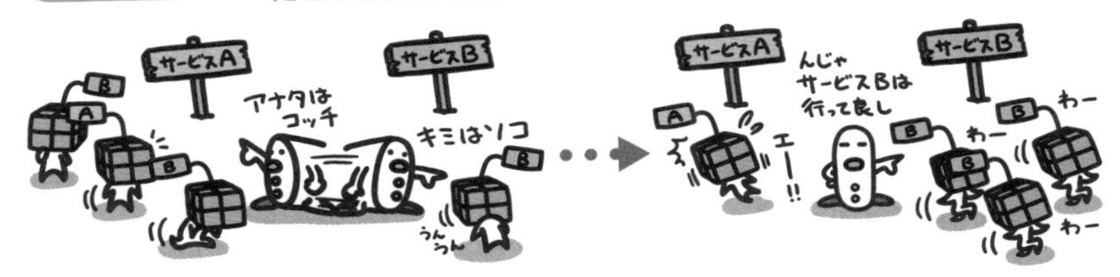

帯域制御 → パケットの通過パターンをコントロールすることで、サービスごとの帯域を制御します。

ちなみにQoSとは逆に、帯域の保証を一切行わないのがベストエフォート型のサービスと呼ばれるものです。

「最大限の努力はするけど品質に対する保証はしない」という意味

ユニバーサルプラグアンドプレイ

UPnP
(Universal Plug and Play)

プラグアンドプレイ（Plug and Play）とは「挿せば使える」という意味です。周辺機器をコンピュータに接続した際、セットアップや設定を行わなくとも自動的に使えるようになることを示します。

UPnPとはユニバーサルプラグアンドプレイ（Universal Plug and Play）の略で、プラグアンドプレイの考え方をネットワークにまで広げたものです。コンピュータや周辺機器、家電製品にいたるまで、ネットワークに接続して制御できるようにすることを目的とした規格で、Microsoft社によって提唱されました。

この規格に対応した機器では、ネットワークに参加してIPアドレスを取得することや、自分自身の持つ機能に関してネットワーク上の機器に通知するといったことが自動的に行われます。これによりネットワークに対する設定の必要がなくなり、「挿せば使える」ことになるのです。

現在この規格にはMicrosoft社のWindows MeやWindows XP以降のOSが対応しており、家庭向けのルータでもこれを実装する製品が増えました。

当初はMicrosoft社製品の中でUPnPを利用したビデオチャットや音声通話などが実装されるのみでしたが、近年はDLNAという「あらゆる情報機器を相互に接続し、連動させるためのガイドライン」の基盤技術として採用され、家電やAV機器の分野にまでその活用範囲を広げています。

関連用語

IPアドレス ………… 50　ルータ ………… 120

ユニバーサルプラグアンドプレイ規格に対応した機器をネットワークに接続すると、ネットワークに参加するためのIPアドレス取得や、自身の機能をネットワーク上の各機器に対して通知するところまでが自動的に行われます。

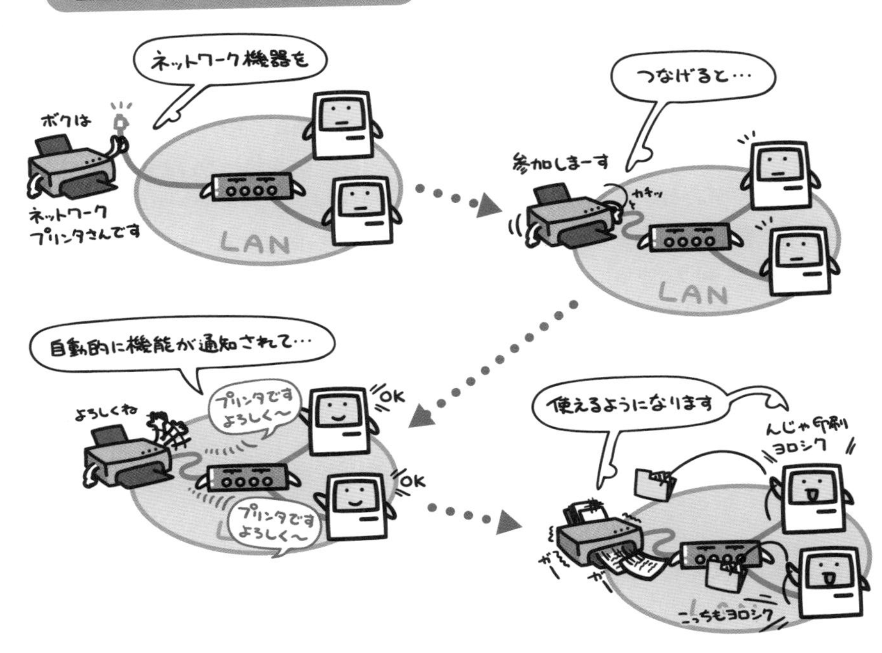

NAS（ナス）
(Network Attached Storage)

NASとは、ネットワークに直接接続して使用する外部記憶装置（ストレージ）です。NASによって提供される記憶領域は、ネットワーク上で共有して使うことができます。

通常記憶装置というと、パソコンに接続して使うハードディスクやUSBメモリといったものが思い浮かびますが、こうしたものをネットワークに直接つないで使う（しかもみんなでそれを共有できる）イメージ……だと思えば良いでしょう。

他に上記のような役割を果たす装置といえば、ファイルサーバが代表的です。ファイルサーバは、自身の管理する記憶装置を共有可能なフォルダなどとしてネットワークに開放し、ユーザがネットワークを経由してその領域を使えるようにするものです。これによって、複数のコンピュータやユーザ間でのデータ共有や更新が楽に行えるようになるわけです。

NASは、サーバからこのファイルサーバ機能だけを取り出して、専用装置化したものです。専用装置化しただけあって、ネットワークへ接続するために必要な通信機能やファイルシステムの管理機能が最初からワンパッケージ化されており、既存のネットワークに対して「つなぐだけ」で使い始めることのできる簡便さを持っています。

その内部構成は様々ですが、多くはRAIDという「複数のハードディスクを組み合わせることで機器損傷時のデータ欠損やシステムダウンを防止する」といった機能がサポートされています。さらに上位機種になるとホットスワップ機能にも対応し、システムが稼働中の状態でも、中のハードディスクを抜き差しして交換することができるようになっています。

5

関連用語

クライアントとサーバ……16
LAN (Local Area Network)……62
Ethernet……72

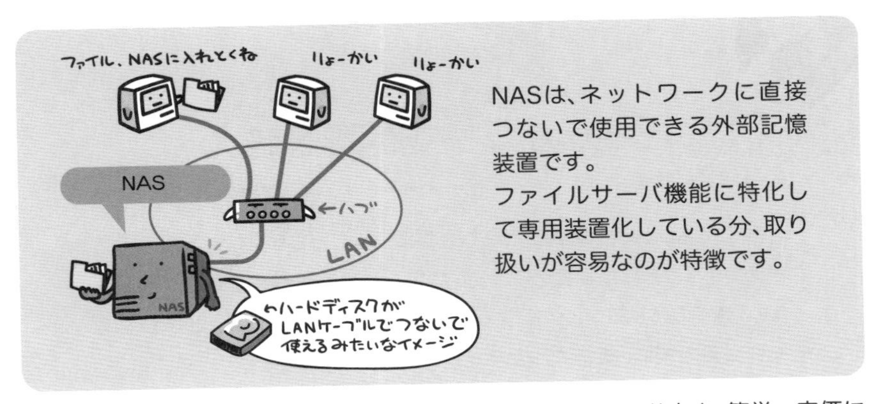

NASは、ネットワークに直接つないで使用できる外部記憶装置です。
ファイルサーバ機能に特化して専用装置化している分、取り扱いが容易なのが特徴です。

NASの特徴は、なんといってもネットワーク越しのファイル共有を、簡単・安価に扱えるようにすることです。

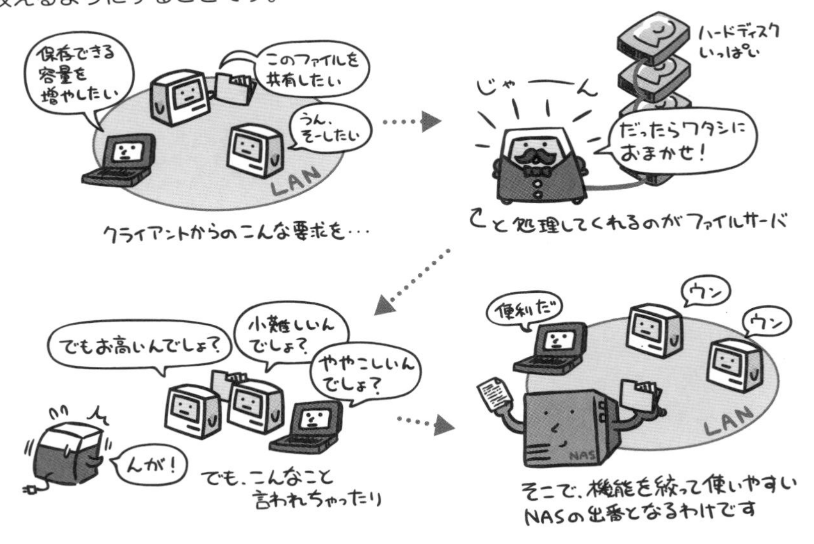

内部に複数のハードディスクを内蔵して、データの欠損やシステムダウンを防止するためのRAID機能を備えていたり、その構成は様々です。

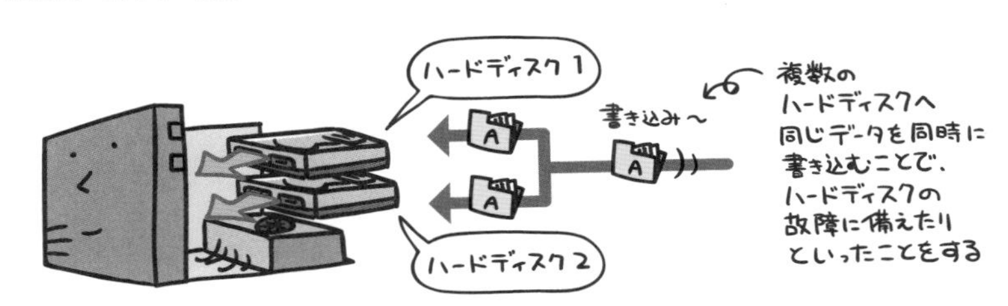

ピーガガガーで距離を越え

今ではネットワーク機器として話題に上ることもなくなった古（いにしえ）の装置があります。それが音響カプラ。かつてパソコン通信なるものが台頭して、「遠くのパソコンと会話することができるんだ、すげえ」と思わせてくれたあの頃に、主流だったネットワーク機器です。

この音響カプラ、見た目はアナログ電話の受話器に似ています。それもそのはず、これは受話器にくっつけて使うシロモノだったのです。くっつけた受話器の送話口には「ピーガガガー」とアナログ音声に変換したデータを流し、受話口からは相手から送られてきた「ピーガガガー」というアナログ音声を受け取ってデータに変換する。そういう機械。

まあなんと単純な仕組みなんだろうと思いますが、それだけにうまく受話器とくっついていないと通信不良を起こすものでした。いや、実は僕自身は使ったことないんですけどね。当時読み漁っていたパソコン雑誌に「へえ〜こんなの使うんだ面白いなあ」とよく感心していたもので。

さて、音声でデータを流せるということは、音が伝えられるメディアであれば同様のことが可能なはず。実際、そうした試みはあちらこちらで行われていて、パソコンを題材としたテレビ番組では副音声でピーガガガーと流していたり、ラジオ番組でもピーガガガーと流してみたり、はたまた雑誌の付録にはそうした音声データが入ったソノシート（ペラペラのプラスチックでできたレコード）が付属したりしていました。

今じゃ当時より扱うデータ量が桁違いに増えているため、間違ってもそんな方法でソフトウェアの配信なんてできません。そもそもインターネットを使えば、もっと簡単にデータのやり取りができちゃいます。

けれども、そんな便利なものがまだなかった時代に、ローテクと組み合わせてでも距離の壁を越えようとしていた試みの数々は、今振り返ってみても、「すごく面白い時代であったよな」などと懐かしく思うのでした。

サービス・プロトコル編

ディーエヌエス
DNS
(Domain Name System)

TCP/IPネットワークにおいて、ホスト名（コンピュータの名前）から、対応するIPアドレスを検索して取得するサービスのことを示します。

ネットワーク上のコンピュータには、すべてIPアドレスという識別番号が割り振られています。通信を行う際には、このIPアドレスをもとに相手を指定して情報をやり取りするわけですが、IPアドレスは32bitの単なる数値であるため人間にとって覚えにくく、扱いやすいとは言えません。そこで、人間にとってわかりやすい名前を用いてIPアドレスを指定できるように、名前解決の方法がいくつか用意されています。

DNSもそうした名前解決手法の1つ。このサービスが稼動しているコンピュータをDNSサーバと呼び、サーバ内ではホスト名とIPアドレスとの対応が記されたデータベースを管理しています。クライアントからの問い合わせを受けたサーバは、このデータベースを検索してホスト名に該当するIPアドレスを返却します。これによって、クライアントはIPアドレスをもとに通信を開始できるようになるわけです。

DNSのような名前解決の手法は電話帳によく似ています。電話帳も個人の名前をもとに、一意の番号となる電話番号を検索できるわけで、ホスト名からIPアドレスを取得することと何ら違いはありません。DNSとは、いわばネットワークにおける電話帳のようなものだと思えば良いでしょう。

関連用語

クライアントとサーバ……16
TCP/IP……38
ドメイン……56
IPアドレス……50

DNSとは、コンピュータ名からIPアドレスを取得するサービスのことです。
このサービスが稼動しているコンピュータをDNSサーバと呼びます。このサーバに問い合わせることでIPアドレスが取得できます。

TCP/IPネットワークでは、ネットワーク上のコンピュータをIPアドレスで識別します。

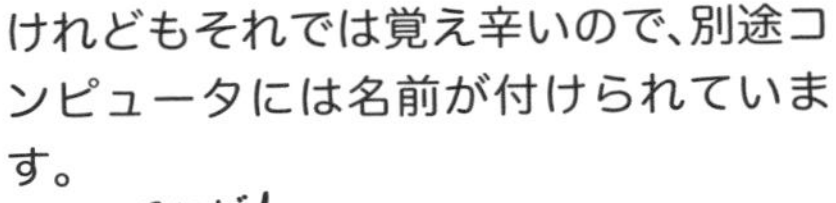

けれどもそれでは覚え辛いので、別途コンピュータには名前が付けられています。

DNSとは、この名前をもとに、対応するIPアドレスを取得するためのサービスです。

電話帳を見て電話番号を探し出すのに、良く似ています。

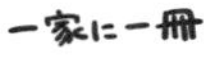

ディーエイチシーピー

DHCP
(Dynamic Host Configuration Protocol)

DHCPとはDynamic Host Configuration Protocolの略で、ネットワーク内のコンピュータに対してIPアドレスやサブネットマスクといったネットワーク情報を自動的に設定するためのプロトコルです。

IPアドレスというのはコンピュータの識別に用いるわけですから、1つのネットワーク上では、それがプライベートIPアドレスであったとしても、重複した番号を割り当てることは許されません。そのため、ネットワーク上におけるコンピュータのIPアドレス情報は、常に把握して重複させないよう管理する必要があります。

DHCPを利用するネットワークでは、この管理をすべてDHCPサーバが代行して行ってくれます。そのため管理する側としては手間がかからず、しかも自動的に設定されるのでIPアドレスの重複などという人為的なミスも発生しません。

この環境下では、クライアントからサーバへ問い合わせを行うと、そのネットワークを利用するための各種設定と、使用して良いIPアドレスが発行されます。これによりネットワークへの接続に必要な設定がすべて自動化され、クライアント側の設定ミスが原因でネットワークへつなげることができないといったトラブルとも無縁になるわけです。

ISP (Internet Services Provider) を利用してインターネットに接続する際には、このDHCPによりインターネット上で用いるネットワーク設定を取得するのが一般的です。

関連用語

クライアントとサーバ……16
IPアドレス……50
サブネットマスク……52
プライベートIPアドレス……84
グローバルIPアドレス……82
インターネット(the Internet)……168
ISP(Internet Services Provider)……170

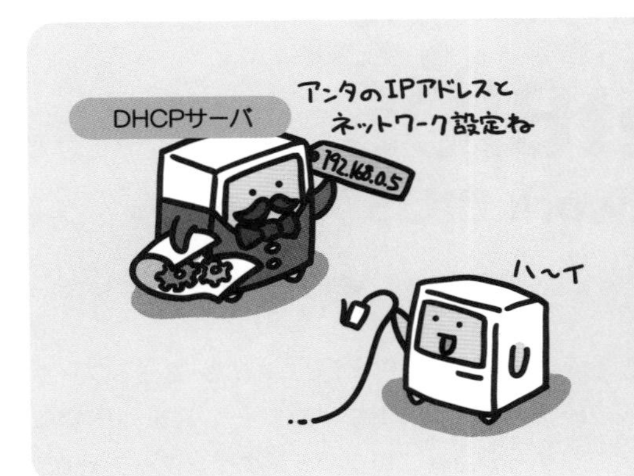

DHCPとは、ネットワーク内のコンピュータに対して、IPアドレスの割り当てやサブネットマスクの設定といった、ネットワークに関する設定を自動的に行うためのサービスです。

1つのネットワーク上では、プライベートIPアドレスであっても、重複することは許されません。

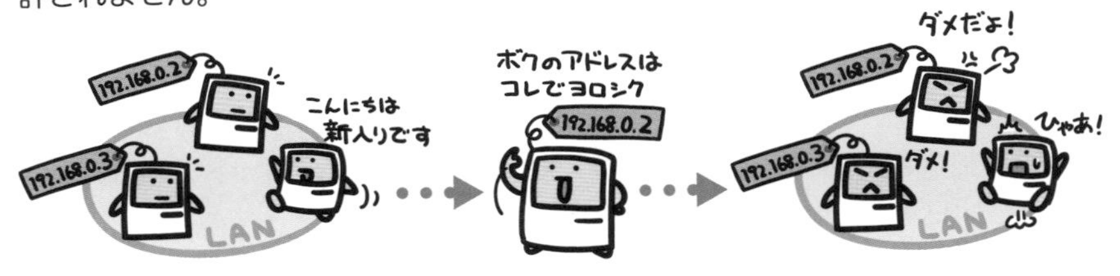

DHCPは、こうしたネットワーク設定を自動化することで、管理の手間や人為的な設定ミスといった要因を排除します。

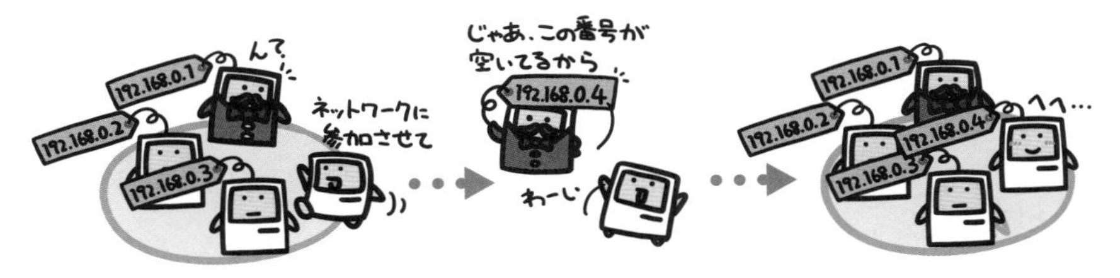

ISPを利用したインターネット接続の場合にも、DHCPを使ってインターネット上でのネットワーク設定を取得するのが一般的です。

NetBIOS（Network BIOS）

ネットバイオス

Network Basic Input/Output Systemの略で、日本語にすると「ネットワーク基本入出力システム」となります。その名の通り、ネットワークサービスを利用するための基本的な入出力を定義したアプリケーションプログラミングインターフェイス（API）です。

もともとはIBM社が提唱したもので、NIC上に実装されたプログラミングインターフェイスがはじまりです。ネットワークサービスを利用するプログラムは、このインターフェイスをプログラムから呼び出すことによって、ファイル共有やプリンタ共有といった機能を実現するわけです。OSI参照モデル第4層のトランスポート層に該当するサービスが提供されており、Windows NT 4.0までのMicrosoftネットワークは、このNetBIOSによって実現されています。

NetBIOSでは、コンピュータを識別するためにNetBIOS名という16バイトの名前を用います。そのため、NetBIOSを利用したネットワークでは、各コンピュータに対して同じNetBIOS名を付けることはできません。

当初は、NetBEUIというネットワークプロトコル用のトランスポート層インターフェイスでしたが、現在はインターネットなどTCP/IPを用いるネットワークが普及したことにより、他のプロトコル上でもNetBIOSのインターフェイスが提供されています。特にTCP/IPをベースプロトコルとして動作するNetBIOSを、NBT（NetBIOS over TCP/IP）と呼びます。

関連用語

OSI参照モデル……36
ネットワークプロトコル……34
TCP/IP……38
NIC(Network Interface Card)……112
インターネット(the Internet)……168

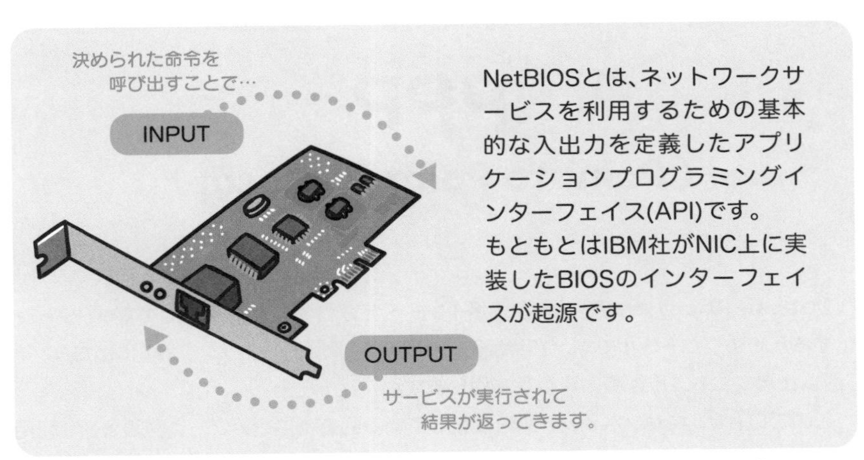

アプリケーションプログラミングインターフェイス(API)というのは、「こういうことがしたい時はこの命令を呼びなさいよ」とあらかじめ決められた命令セットのことです。

アプリケーションはこの命令セットを呼び出すようにすることで、実際の通信に用いられるプロトコルなどを意識する必要がなくなります。

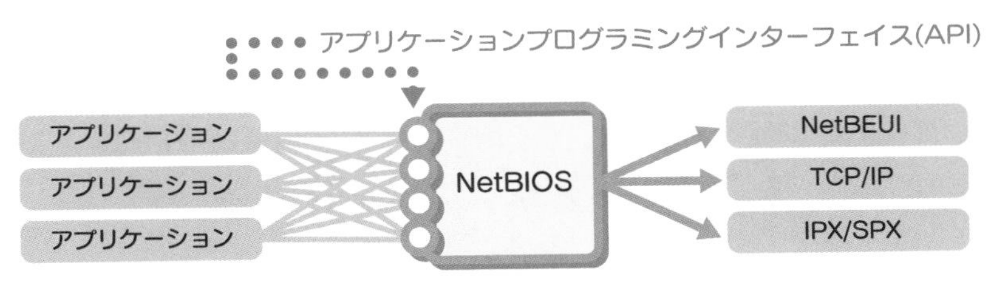

NetBIOSによって実現されたネットワークでは、NetBIOS名という16バイト(16文字)の名前を使ってコンピュータを識別します。

PPP (Point to Point Protocol)

ピーピーピー

2つのノード間、つまりポイントからポイントへと1対1で接続を確立してネットワーク化するためのプロトコルです。OSI参照モデルの第2層（データリンク層）にあたり、第3層以上のプロトコルと組み合わせて用います。

このプロトコルでは、ポイント間を接続している回線をネットワーク回線として利用可能にするのが主な役割です。接続の確立時には、最初にユーザ認証を行い、問題がなければ使用するプロトコルやエラー訂正の方法などを取り交わして、通信路としての仕様を固めます。イメージとしては、ポイント間で「こんな感じで通信する回線ということにしましょうよ」とはじめに対話するようなものです。通信路が確定してしまえば、あとは通常のネットワークと同じように、TCP/IPなどを用いてネットワークへアクセスすることができます。

PPPは、電話回線を使ってコンピュータをネットワークへ接続する際によく使われるプロトコルで、外部からのリモートアクセスや、ISP（Internet Services Provider）へのダイアルアップ接続といった用途で利用されます。特にインターネットへの接続は、今でこそADSLなどの台頭によって影が薄くなりましたが、それ以前の選択肢と言えばアナログモデムによるダイアルアップ接続しかなく、PPPは非常に普及したプロトコルでした。

関連用語

OSI参照モデル……36
ネットワークプロトコル……34
ノード……48
TCP/IP……38
ADSL……102
モデム……126
インターネット(the Internet)……168
ISP(Internet Services Provider)……170

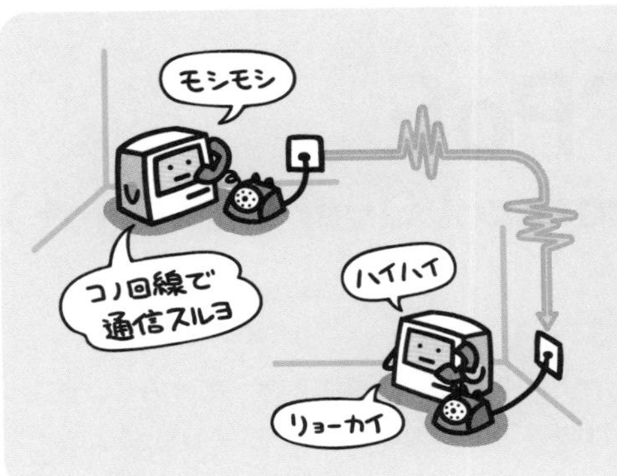

PPPとは、2つのポイント間を接続することで、その回線をネットワーク回線として利用可能にするためのプロトコルです。
電話回線を利用したISPへのダイアルアップ接続などで良く用いられています。

PPPによる接続は、はじめにユーザ認証が行われます。

認証が完了すると、回線上で利用するプロトコルなどを決定して、その回線を通信路として確立させます。

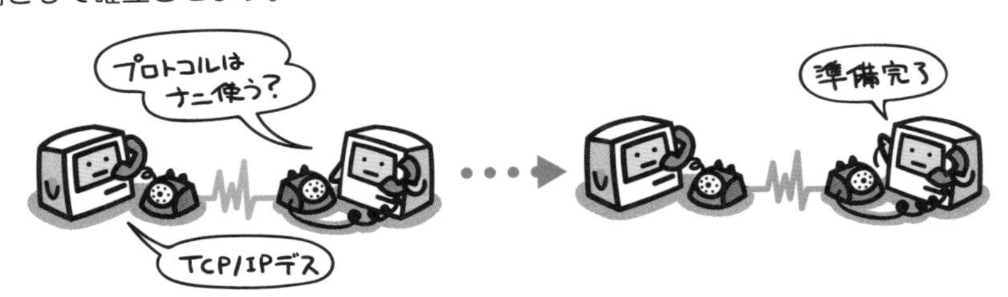

一旦通信路として確立された後は、通常のネットワークと同じように、TCP/IPなどのプロトコルを使って通信することができます。

PPPによるダイアルアップ接続

LANケーブルによる接続

PPPoE（ピーピーピーオーイー）
(Point-to-Point Protocol Over Ethernet)

PPP over Ethernetの略で、2つのノード間を接続して通信を行うためのプロトコルであるPPPを、Ethernet上で実現するためのプロトコルです。現在、ADSLによるインターネット接続サービスでは、そのほとんどがPPPoEを採用しており、家庭向けのルータでも、PPPoEのクライアント機能を実装したものが増えています。

ダイアルアップ接続用に普及していたPPPは、単に2点間を接続するプロトコルというだけでなく、接続時にユーザ名やパスワードの確認を行うといったユーザ認証機能も組み込まれています。これは、特にインターネットへの接続サービスを提供するISP（Internet Services Provider）にとっては、利用者管理の面で有益なものでした。

ところが、ADSLのような常時接続環境となると、個人であってもEthernetを用いて接続することになるため、PPPを利用することができません。そこで、PPPの持つ機能をEthernet上でも使えるようにする、PPPoEが考案されました。

PPPoEでは、Ethernet上でPPPと同様の認証を行い、2点間の接続を確立します。これにより、ISPでは通常のダイアルアップ接続サービスと、ADSL接続サービスとを統合して運用することができるようになるため、加入者の管理も平易なものとなります。また、利用者の側にとっても、同一のADSL回線を利用しながら、ISPを複数切り替えて利用することができるなどのメリットがあります。

関連用語

ネットワークプロトコル …… 34
ノード …… 48
Ethernet …… 72
ADSL …… 102
PPP(Point to Point Protocol) …… 150
インターネット(the Internet) …… 168
ISP(Internet Services Provider) …… 170

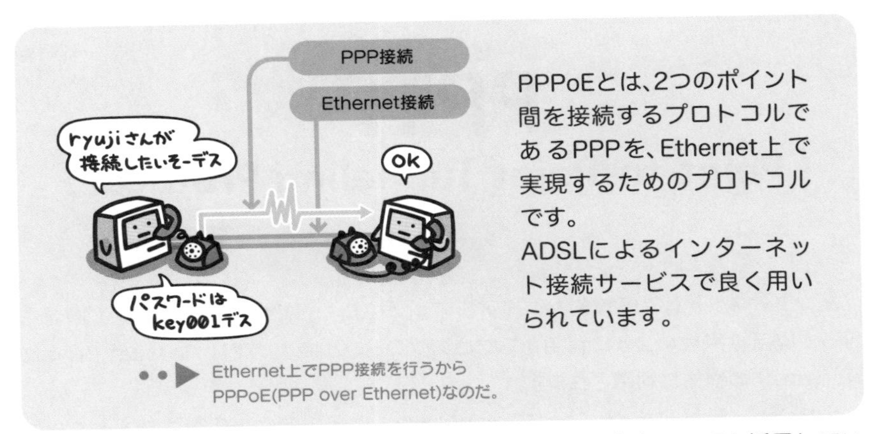

PPPoEとは、2つのポイント間を接続するプロトコルであるPPPを、Ethernet上で実現するためのプロトコルです。
ADSLによるインターネット接続サービスで良く用いられています。

Ethernet上でPPP接続を行うから
PPPoE(PPP over Ethernet)なのだ。

ADSLによるインターネット接続サービスでは、ほとんどがPPPoEを採用しています。

PPPoEの特徴は、PPPによるユーザ認証機構がそのままEthernet上でも使えるようになることです。

これによって、通常のダイアルアップ接続とADSL接続の両サービスを統合して運用することができます。

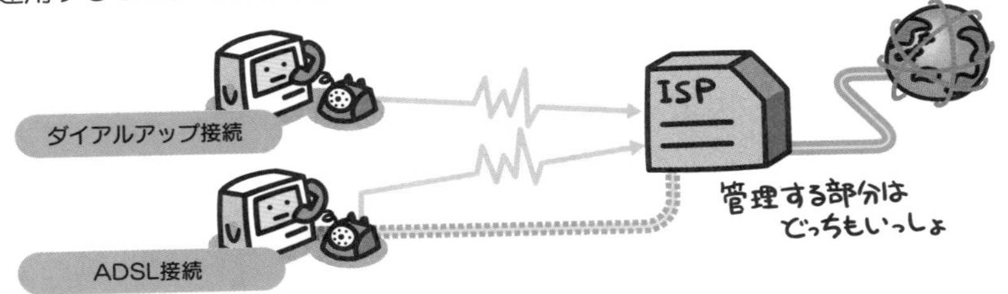

ピーピーティーピー
PPTP
(Point-to-Point Tunneling Protocol)

インターネット上で仮想的なダイアルアップ接続を行い、2点間で暗号化通信を行って専用線接続のように利用するためのプロトコルです。VPN（Virtual Private Network）の構築に利用されます。

VPNとは、暗号化技術によってネットワーク上に仮想的な専用線空間を作り出すものです。通常、専用線を用いた遠隔地のLAN間接続はコスト高となるものですが、VPNであれば既存のインターネット回線を流用することも可能であるため、安価に導入することができます。

PPTPは、このVPN構築に用いる暗号化技術の1つで、PPPを拡張してTCP/IPネットワーク上を仮想的にダイアルアップ接続するものです。PPTPの特徴は、その名前に含まれる「Tunneling（トンネリング）」という言葉がもっともよくあらわしています。

PPTPによって2点間の接続が確立すると、PPPのデータパケットを暗号化した上でIPパケットに包み込み、TCP/IPネットワーク上へ流します。こうして本来のパケットが隠蔽されることにより、通信経路上での安全が保証されるわけです。この処理は、接続が確立した2点間を安全な専用トンネルで保護するといったイメージです。これをトンネリング処理と呼びます。

当初は外部から社内LANへ接続するリモートアクセス的な用途が想定されていましたが、ルータの中にはVPN機能としてPPTPを実装した製品も出てきており、現在はLAN間接続にも広く利用されています。

関連用語

ネットワークプロトコル …… 34
TCP/IP …… 38
IP(Internet Protocol) …… 40
LAN(Local Area Network) …… 62
VPN(Virtual Private Network) …… 96
ルータ …… 120
PPP(Point to Point Protocol) …… 150
インターネット(the Internet) …… 168

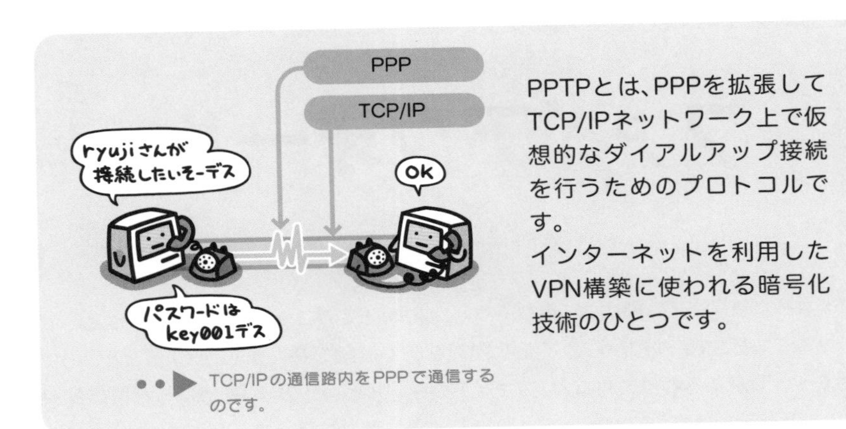

PPTPとは、PPPを拡張してTCP/IPネットワーク上で仮想的なダイアルアップ接続を行うためのプロトコルです。
インターネットを利用したVPN構築に使われる暗号化技術のひとつです。

TCP/IPの通信路内をPPPで通信するのです。

PPTPはインターネットのような不特定多数のユーザが介在するネットワークで、安全な通信路を確立するために使われます。

接続が確立すると、以降はPPPのデータパケットを、暗号化した上でIPパケットに包み込み、TCP/IPネットワーク上へと流します。

接続が確立した2点間を、専用のトンネルで保護するといったイメージになります。

ファイアウォール

インターネットなど外部のネットワークと、組織内部のローカルネットワークとの間に設けるシステムで、外部からの不正な侵入を防ぐ役割を持ちます。システムといっても決まった形があるわけではなく、ファイアウォールというのは「そういった機能的役割」のことを示します。そのため、コンピュータ上で稼動するソフトウェアであったり、ルータであったりと様々な形態があります。

ファイアウォールとは「防火壁」という意味で、その名の通り火災時の延焼を防ぐ「防火壁（firewall）」にちなんでこのような名前が付いています。

外からの危険を防ごうと思うなら、一番安全なのは物理的に接続を切ってしまうことです。ファイアウォールの基本的な考えはこれで、外部ネットワークと内部ネットワークとの境界に陣取って、通信を遮断することが主な役目です。とはいえ完全に遮断してしまった状態では通信が一切できずに困ってしまいますので、必要なサービスに関してだけは通過を許可するよう設定します。これにより、安全性を保ちながらユーザにサービスを提供できるようにするわけです。

一般に、セキュリティを強化するなら通過できるサービスが制限され、インターネット上のサービスを自由に扱えるようにしようとすれば、安全性が低下することになります。安全性と利便性とのトレードオフで、ネットワークの基本方針によってどちらに傾倒するかが決まります。

関連用語

ルータ……120
インターネット（the Internet）……168
プロキシサーバ……158

ファイアウォールとは、組織内部のローカルネットワークと、インターネットなどの外部ネットワークとの間に設けるシステムです。
外部からの不正な侵入を阻むという役割を持ちます。

基本的には内部ネットワークと外部ネットワークとの境界に陣取って、すべての通信を遮断することが役目です。

とはいえすべて通さないとなると、一切通信ができないことになりますので、どうしても必要なものだけは通過を許すのです。

ファイアウォールというのは機能的な役割のことで、定まった形態はありません。

プロキシサーバ

日本語にすると代理サーバという意味で、外部ネットワークへのアクセスを内部ネットワークのコンピュータに代わって行うサーバです。

通常は、内部ネットワークとインターネットのような外部ネットワークとの境界に位置するファイアウォール上で稼動しています。この構成では、ファイアウォールによって外部との通信は遮断され、内部ネットワークに対する安全性が保たれています。そして、内部ネットワークからのインターネットアクセスに関しては、プロキシサーバが各コンピュータからのリクエストを受け付けて代行することになります。たとえばWWWで特定のWebサイトを閲覧したい場合には、クライアントから「このURLのページが欲しい」とプロキシサーバにリクエストが飛び、プロキシサーバが代行してダウンロードしたデータをクライアントに渡します。これによって、ファイアウォールに遮断されているサービスが利用可能となるわけです。

プロキシサーバを用いると、内部から外部へのアクセスを集中して管理することができるため、セキュリティ上の利点といった他に、社内からインターネットへアクセスできるユーザを特定の人物だけに制限することや、望ましくないWebサイトに関しては閲覧不可にしてしまうなど、柔軟な設定を行うことができるようになります。

その他にも、代行して取得したデータをキャッシュとして活かすなど、応用範囲は様々であり、そうしたメリットから広く普及しています。

関連用語

クライアントとサーバ……16
ファイアウォール……156
インターネット(the Internet)……168
WWW(World Wide Web)……174
URL(Uniform Resource Locator)……182

通常プロキシサーバは、内部ネットワークと外部ネットワークとを遮断するファイアウォール上で稼動しています。

外部から内部へのアクセスはファイアウォールで防ぎながら、内部から外部へのアクセスをプロキシサーバが代行することで、ネットワークの安全性が保たれます。

パケットフィルタリング

ルータが持っている機能の1つで、すべてのパケットを無条件に通過させるのではなく、あらかじめ指定されたルールにのっとって通過させるか否かを制御する機能です。パケットフィルタリングという名前は、ルールに当てはまらないパケットが、フィルターによってろ過された後に残るゴミのように、通過を遮られて破棄されることからきています。

ファイアウォールの実現方法としてはもっとも基本的な機能で、明示的に許可されていないパケットがすべて破棄されるため、不正アクセスの防止に役立ちます。最近のルータにはほとんどこの機能が実装されているため、簡易なファイアウォールとして導入しやすい手法だと言えます。

どのパケットを通過させるかという許可ルールは、送信元や送信先のIPアドレス、TCPやUDPといったプロトコルの種別、ポート番号などを指定して行うことになります。通常アプリケーションによって提供されるサービスは、プロトコルとポート番号により区別されますので、これらを指定することで「どのサービスは通過させるか」と設定したことになるわけです。

ルータの設定で、「ポートを開く」などという言葉を良く耳にします。これはパケットフィルタリングのルールを変更して、そのポートを通過可能に設定することを意味しています。

関連用語

ネットワークプロトコル……34
TCP(Transmission Control Protocol)……42
UDP(User Datagram Protocol)……44
IPアドレス……50
ポート番号……54
パケット……46
ルータ……120
ファイアウォール……156
インターネット(the Internet)……168

パケットフィルタリングとは、ルータの持っている機能の１つで、あらかじめ決められたルールにのっとって、通過させるパケットを制御する機能です。ファイアウォールの実現方法として、もっとも基本的なものです。

どのパケットを通過させるかの許可ルールは、IPアドレスやTCPなどのプロトコル、ポート番号によって指定します。

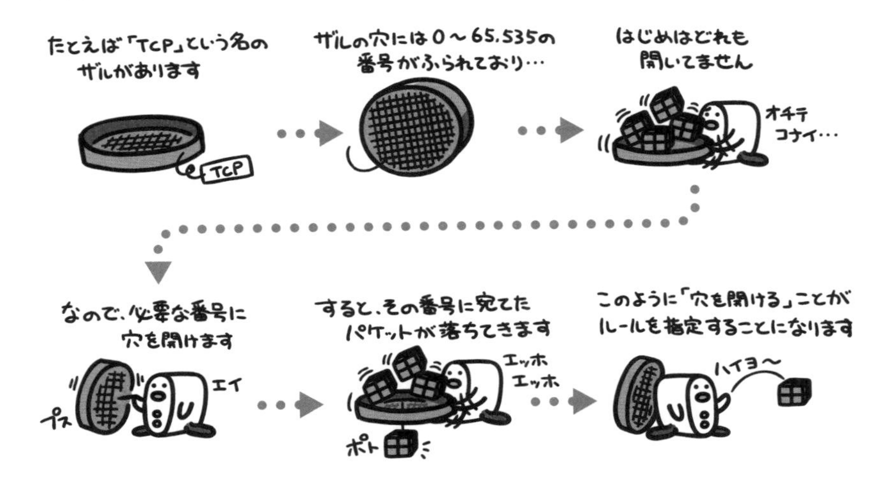

通常アプリケーションが提供するサービスは、プロトコルとポート番号で区別されますので、この指定は「どのサービスは通過させるか」を決めたことになります。

NAT（ナット）
(Network Address Translation)

LANで利用するプライベートIPアドレスと、インターネット上で利用できるグローバルIPアドレスとを相互に変換する技術で、ルータなどによく実装されています。

インターネットの世界では、グローバルIPアドレスを用いて通信を行いますが、IPアドレスは32bitの値ということから、発行できる数には限界があります。そのため、LANのような組織内のネットワークでは、通常は各コンピュータに対してプライベートIPアドレスを割り当てることになります。ただし、そのままではインターネット側と通信することができませんので、アドレス変換という手法を用いて、インターネットにアクセスする時だけ、グローバルIPアドレスに変換する必要が出てきます。そこに使われるのがNATというわけです。

NATによるアドレス変換は、パケットを書き換えることで行います。通過するパケットは常時監視され、インターネットへ宛てたパケットが届いた時は、そのパケットの送信元IPアドレスを、NATで管理しているグローバルIPアドレスに書き換えて送出します。この時、変換したもとのプライベートIPアドレスは記憶しておいて、インターネット側から届いたパケットに関しては、送信先IPアドレスをプライベートIPアドレスへと書き戻してLAN内に送ります。これによって、内部ではプライベートIPアドレスを使いつつも、外部との通信には自動的にグローバルIPアドレスが使われることになるわけです。

このような仕組みであるために、NATによるアドレス変換は、常にグローバルIPアドレスとプライベートIPアドレスとが1対1で置き換えられます。そのためNATでは、所有しているグローバルIPアドレスの数以上には、同時にインターネット側と通信することはできません。

関連用語

IPアドレス……50
パケット……46
LAN(Local Area Network)……62
プライベートIPアドレス……84
グローバルIPアドレス……82
ルータ……120
インターネット(the Internet)……168

NATとは、LANで利用するプライベートIPアドレスと、インターネット上で利用するグローバルIPアドレスとを、1対1で相互に変換する技術です。
ルータなどによく実装されています。

インターネットへ宛てたパケットが届いた時は、そのパケットの送信元IPアドレスをグローバルIPアドレスに書き換えます。

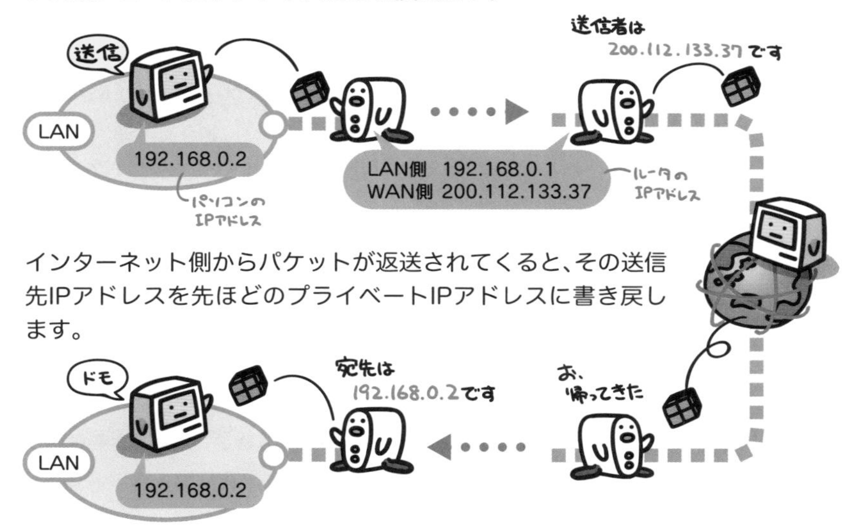

インターネット側からパケットが返送されてくると、その送信先IPアドレスを先ほどのプライベートIPアドレスに書き戻します。

IPアドレスの変換は1対1で行いますので、所有しているグローバルIPアドレスの数以上にインターネット側と同時通信することはできません。

IP(アイピー)マスカレード (NAPT:Network Address Port Translation)

LANで利用するプライベートIPアドレスと、インターネット上で利用できるグローバルIPアドレスとを相互に変換する技術で、1つのグローバルIPアドレスを複数のコンピュータで共用することができます。ルータなどによく実装されている機能です。

プライベートIPアドレスとグローバルIPアドレスとを1対1で変換するNATに対して、IPマスカレードでは、TCPやUDPのポート番号までを含めて変換を行います。これによって、1対複数の変換が可能となり、グローバルIPアドレスが1つしかない環境においても、複数のコンピュータが同時にインターネットへ接続することができるようになります。

ただし、一見便利なこの機能にも弱点があり、一部のアプリケーションが動かなくなってしまうなどの制約が生じます。これは、アプリケーションによっては通信に用いるポート番号を固定にしていることがあり、その場合はポート番号まで変換してしまうIPマスカレードでは利用できなくなってしまうからです。また、複数のコンピュータが同時に接続できるといっても、同一IPアドレスからの接続は1つに限定しているようなアプリケーションでは、やはり複数のユーザが同時にサービスを受けるということはできません。

本来IPマスカレードという言葉はLinuxというOSで実装された機能の名前でしかなく、正確にはNAPT（Network Address Port Translation）という呼び方が正しくなります。ただし、IPマスカレードという呼び名の方が実際には普及しており、場合によっては「IPマスカレード=アドレス変換」という意味でNATと一括りにされているケースも多いようです。

関連用語

IPアドレス …… 50
LAN(Local Area Network) …… 62
プライベートIPアドレス …… 84
グローバルIPアドレス …… 82
ルータ …… 120
NAT(Network Address Translation) …… 162
インターネット(the Internet) …… 168

IPマスカレードとは、LANで利用するプライベートIPアドレスと、インターネット上で利用するグローバルIPアドレスとを、1対複数で相互に変換する技術です。
グローバルIPアドレスを複数のコンピュータで共有することができ、ルータなどによく実装されています。

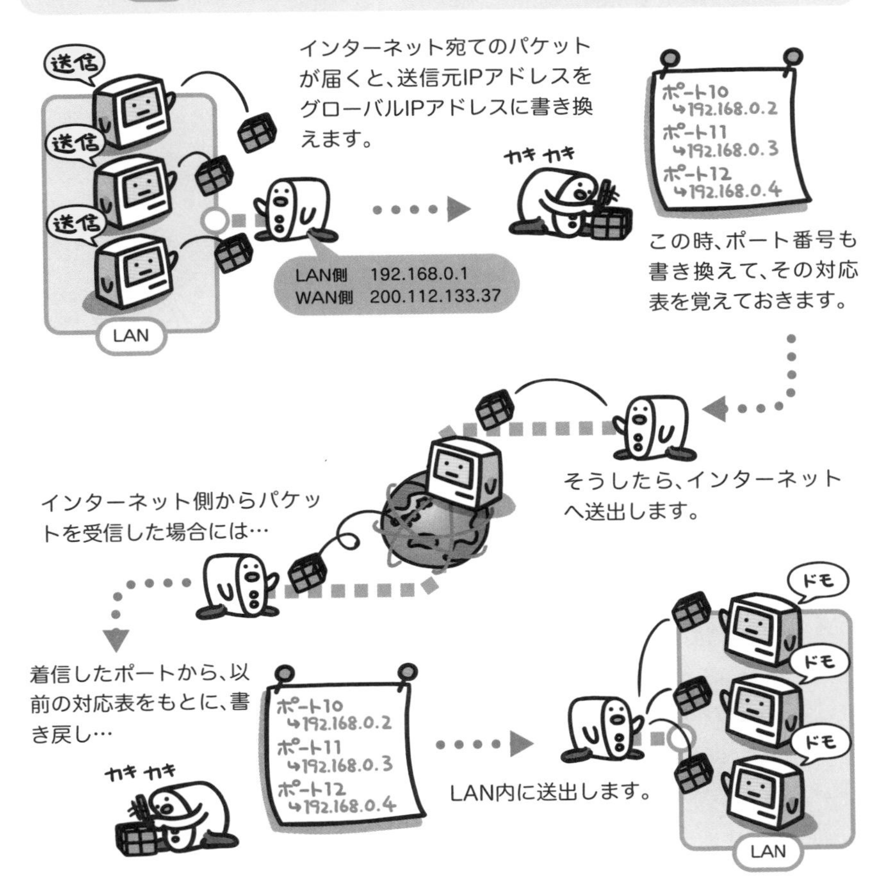

column

おべんとばこくん

新卒入社した会社で配属された開発部のオフィスには、「おべんとばこくん」と呼ばれる小さな箱がありました。デスクとデスクの間に隠されていて、時々「おべんとばこくんのボタン押して」と声が行き交います。しかし当時親しくなりはじめていた先輩に尋ねてみるも「おべんとばこくんはおべんとばこくんだよ」としか答えてくれないからまるで正体がわかりません。

そこで、オフィスにいる時はアンテナを張っておくようにして、どんな時におべんとばこくんが呼ばれるのか観察してみることにしました。どうしても正体を突き止めたくなったのです。

その結果、どうも「わー」とか「きゃー」とか悲鳴が上がった後におべんとばこくんの名前が出ている気がします。悲鳴の先はいつも決まってレーザープリンター……であるような。けれども、あの小さな箱と、でっかいレーザープリンターの関連性がどうも自分にはわかりません。

ただ、その記憶の中では、常にプリンターから大量の用紙が間断なく猛スピードで排出され続ける景色がワンセットであったような……。

1年ほどが過ぎ、自分でも機器の設定を色々と行うようになったある日のこと。突然ピンと、ひらめくものがありました。あ、あれって、プリンターへの出力がぶつかってデータ化け起こしてたんじゃないの？

つまりおべんとばこくんとはプリントサーバであり、データ化けによる暴走プリントを止めるためのバッファクリア動作が「ボタンを押して」ではなかったのかと。件の先輩に確認したところ、これが大正解でした。「あの時教えてくれたら良かったのに、おべんとばこくんだよとしか言わなくていじわるだなあ」と責めると、「あの頃のお前にそんなの説明したってわかるわけないじゃん」なんて感じに半笑いで返されました。

確かにそうかも。そんなわけで、「おべんとばこ」と聞くと、「成長の証」的意味に捉えてしまう癖がついた僕なのであります。

7章

インターネット基礎編

インターネット
(the Internet)

インターネットとは、TCP/IPというパケット通信型のネットワークプロトコルを利用して、世界規模でネットワークを相互に接続した巨大なコンピュータネットワークのことです。起源は米国国防総省のARPA（高等研究計画局）による、分散型ネットワーク研究プロジェクトのARPAnetだと言われており、核攻撃の危険から情報ネットワークを守るための研究であったとされています。

初期のインターネットは学術研究を目的として発展しており、その頃は電子メールやネットニュースといったサービスが中心でした。その後、文字や画像などを交えて情報を表示することができるWWW（World Wide Web）の登場を契機として爆発的な普及を遂げ、現在では、このWWWがインターネットの中心的サービスとなっています。

学術研究を目的に発展してきたインターネットでしたが、その規模が大きくなるにしたがって、一般ユーザからも接続したいという声が高まっていきました。それを受けてインターネットへの接続サービスを提供するISP（Internet Services Provider）事業者が登場し、以後、個人利用者数は増加の一途を辿ることになります。

現在では、膨大な利用者を擁する規模となったことから、インターネット上における商用サービスも多彩なものとなり、世界中を結ぶ広域ネットワークとして、標準的なインフラになっています。

関連用語

ネットワークプロトコル …… 34
TCP/IP …… 38
IP(Internet Protocol) …… 40
ISP(Internet Services Provider) …… 170
WWW(World Wide Web) …… 174
Webサイト …… 176
WWWブラウザ …… 178
ホームページ …… 180
電子メール(e-mail) …… 184
ネットニュース(Net News) …… 186

インターネットとは、TCP/IPというプロトコルを利用して、世界規模で相互にネットワークを接続したものです。
当初は学術研究目的でしたが、現在では商用利用が進み、個人も利用する広域ネットワークインフラとなっています。

現在はWWWや電子メールといったサービスが主に利用されています。

個人がインターネットに接続する場合は、ISPと呼ばれる接続事業者と契約して、接続口を開放してもらわなくてはいけません。

インターネット上では、各ネットワークを相互に接続するルータが、バケツリレーのようにパケットを中継することでデータのやり取りが行われます。

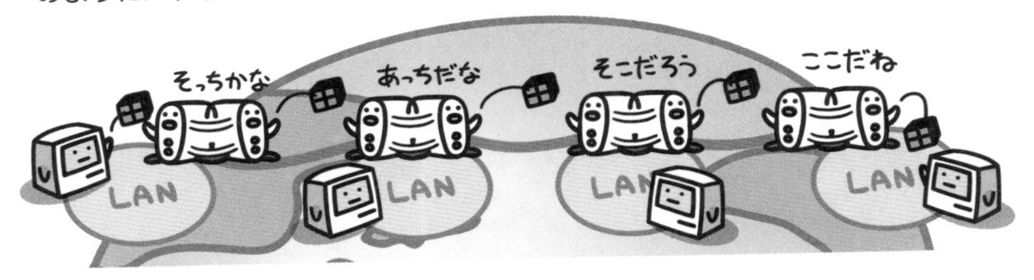

ISP（Internet Services Provider）

アイエス ピー

インターネットへの接続先を提供するサービス事業者のことです。電話回線や専用回線を使って顧客である一般ユーザからのリクエストを受け付け、インターネットに接続します。通常は単にプロバイダと呼ばれることが多く、現在はアナログモデムを用いたダイアルアップサービスから、ADSLや光ファイバ接続といったブロードバンドサービスに主流が移り、常時接続環境が当たり前となっています。

ISPの業務は単に接続の提供というだけには留まりません。メールアドレスの発行、ホームページスペースの貸与といったサービスは、ほとんどすべての事業者において標準の付加サービスと位置付けられています。これによって、契約したユーザはインターネットの閲覧だけではなく、自らも情報発信を行うことができるようになるわけです。そういう意味では、ISPとはインターネット総合サービス提供所といった意味合いを持つとも言えるでしょう。

WWWの登場とISPの出現によって、インターネットは日本においても爆発的に普及することとなりました。1995年以降の普及の過程においては、まさしく雨後のタケノコといった具合に事業者が乱立し、なかには「安かろう悪かろう」といった粗悪な事業者も多く存在しました。NTTによる定額の通話サービス「テレホーダイ」が開始されたのもこの頃です。電話回線を用いたダイアルアップ接続が主流であった時期だけに、料金が定額となるこのサービスは個人ユーザを中心に広く利用されました。しかし、定額となる時間帯が深夜23:00以降に限定されていたため、その時間帯近くになると回線が混みあって利用できなくなるなどのトラブルを生み出す要因ともなっていました。

関連用語

ADSL……102
モデム……126
インターネット(the Internet)……168
WWW(World Wide Web)……174
WWWブラウザ……178
電子メール(e-mail)……184

ISPとは、インターネットへの接続先を提供するサービス事業者のことで、単にプロバイダとも呼ばれます。サービス内容には、専用のメールアドレス発行やホームページスペースの貸与も含むことがほとんどです。

ISPを利用したインターネット接続とは、要はインターネットに接続されているLANに外から参加させてもらうようなものです。

アナログモデムを使ったダイアルアップ接続は過去のものとなり、ADSLや光ファイバなどの常時接続方式が今現在の主流です。

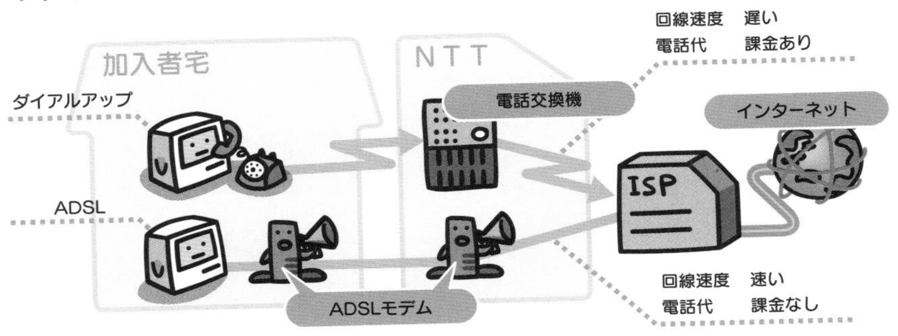

ジェーピーニック
JPNIC
（JaPan Network Information Center）

社団法人日本ネットワークインフォメーションセンターの略称で、日本におけるIPアドレスの割り当て業務を行っています。

インターネット上で使用するグローバルIPアドレスは、世界中で1つしか存在しない値にする必要があります。そのため、各国には専門の機関が設けられ、割り当てはその管理下で行われます。日本においてこの役割を担当しているのがJPNICです。

当初JPNICでは、IPアドレス管理の他にJPドメイン名の登録や管理といった業務も行っていました。しかし現在では、JPNICが設立した民間企業のJPRS（株式会社日本レジストリサービス）へドメイン名の管理業務を移管させ、JPNIC自身はドメイン名に関する研究や国際的なルール作りに注力しています。

日本国内におけるIPアドレスの扱いは次の通りです。まずJPNICによって各ISP（Internet Services Provider）にグローバルIPアドレスが割り振られます。ISPはその割り振りの範囲内で、各ユーザにIPアドレスを払い出します。そのため、個別のユーザが直接JPNICと関わりを持つことはなく、国内唯一の管理団体でありながらあまり一般ユーザに馴染みはありません。

JPNIC自身は、国際的なインターネット管理組織であるICANN（Internet Corporation for Assigned Names and Numbers）の下部組織と位置付けられており、国際的な協調を含む働きが重要視されています。

関連用語

IPアドレス………50
ドメイン………56
プライベートIPアドレス………84
グローバルIPアドレス………82
インターネット（the Internet）………168

グローバルIPアドレスは、世界中で1つしかない値とする必要があるため、値が重複しないように管理する必要があります。

そのため、各国には専門の機関が設けられていて、その管理下でグローバルIPアドレスの割り当てを行います。日本でその業務を行っているのが、JPNICというわけです。

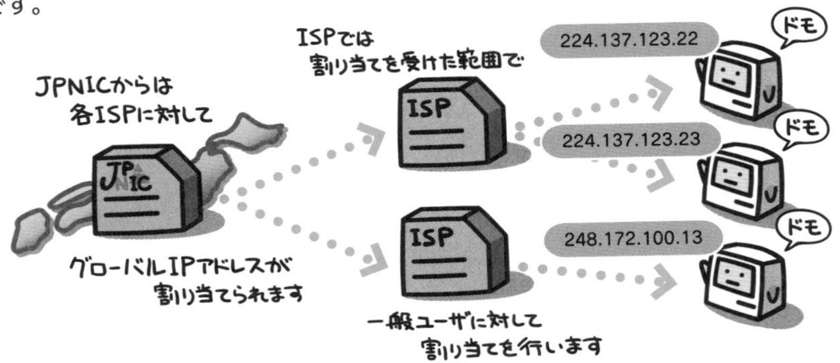

WWW（ダブリュダブリュダブリュ）
(World Wide Web)

インターネットにおいて標準的に用いられているドキュメントシステムで、もっとも多く利用されているサービスでもあります。World Wide Webを省略してWWW、もしくは単にWebと呼びます。

WWWにおけるドキュメントは、HTML (Hyper Text Markup Language) という言語によって記述されています。このドキュメントを公開しているのがインターネット上に点在するWWWサーバで、各コンピュータはWWWクライアントとしてこのサーバにアクセスし、WWWブラウザと呼ばれるアプリケーション (Apple社のSafariや、Google社のChromeなどが有名) を使って内容を表示します。

HTMLによって記述されたドキュメントは、ハイパーテキスト構造となっており、文書間のリンクを設定したり、文書内に画像や音声、動画といった様々なコンテンツを表示させることができます。このリンク機能によって、WWW上のドキュメントは相互に連結可能です。このリンクを次から次へと辿ることで、1つのページを起点としながら、世界中のドキュメントを区別なく閲覧していくことができるわけです。

World Wide Webという名前の由来も、そうした「ドキュメントのリンクが張り巡らされた構造」をクモの巣 (Web) に例えたところからきています。

関連用語

インターネット(the Internet) …… 168
Webサイト …… 176
WWWブラウザ …… 178
ホームページ …… 180
URL(Uniform Resource Locator) …… 182
HTTP(HyperText Transfer Protocol) …… 198
HTML(Hyper Text Markup Lnguage) …… 220

WWWとは、インターネットにおいて標準的に用いられているドキュメントシステムです。
1つの文書内に画像や音声など様々なコンテンツを混在させることができ、文書間にリンクを設定することで、ドキュメント同士を相互に連結できるのが特徴です。

WWWのドキュメントは、インターネット上のWWWサーバに対してWWWブラウザと呼ばれるアプリケーションを使ってアクセスすることで、表示することができます。

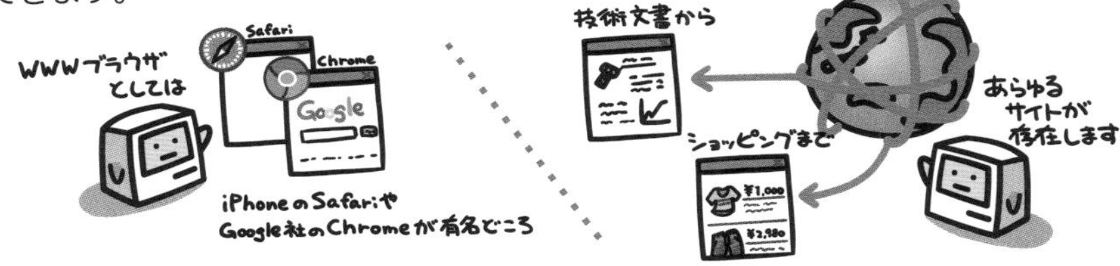

このドキュメントシステムは、文書内に設定されたリンクによって、関連するドキュメントを順次辿って行くことができるという特徴を持ちます。

WWW(World Wide Web)という名前は、そうした「リンクによってつながれた構造」を、クモの巣にたとえたところからきています。

Webサイト

「サイト（site）」というのは、土地や敷地といった意味を持つ英単語です。これをネットワークにあてて使用した場合、データやファイルなどをまとめて置いてある場所（コンピュータやその内部にあるディスクなど）を指します。

つまりWebサイトという言葉は、WWW（World Wide Web）上で、データやファイルがひとまとまりで置いてある場所……をあらわしています。

ひとまとまりというのは、たとえば技術評論社という会社が、WWW上に自社の会社概要や出版目録などを載せていたとします。その情報は多くの場合、複数のページに分かれていたりするものですが、これをすべてひっくるめて、「技術評論社のWebサイト」という1つの単位に見なすということです。一般には、「ホームページ」という言葉がこの意味で広く使われていますが、あれは誤用のまま定着した言葉で、本来は「Webサイト」が正しい用語です。

したがって、「技術評論社のWebサイト」と言う場合、それは特定のページを示すものではなく、その集まりを示しています。では、個々のページはというと、こちらはWebページなどと呼ばれます。

Webサイトには、一般的にサイト全体の顔となるトップページ（メインページ、インデックスページとも）が設けられています。単に「○○のWebサイト」として記載されるアドレスは、このトップページを示すものです。

ちなみに前述の「技術評論社」のように、特定の企業や団体、著名人などが自身を紹介する目的で構築したWebサイトは、公式（オフィシャル）サイトとも呼ばれます。

関連用語

インターネット（the Internet）……168
WWW（World Wide Web）……174
WWWブラウザ……178
ホームページ……180
HTML（Hyper Text Markup Lnguage）……220

Webサイトとは、WWW上でデータやファイルがひとつの固まりとして置いてある場所を指す言葉。
たとえば「技術評論社のWebサイト」と言う場合、それは技術評論社がWWW上に1つの固まりとして公開している、複数ページの集合体を指しています。

インターネットのWWW (World Wide Web)に…

接続されたWWWサーバが…

一連のドキュメントを公開している場所…をあらわす言葉がWebサイト。

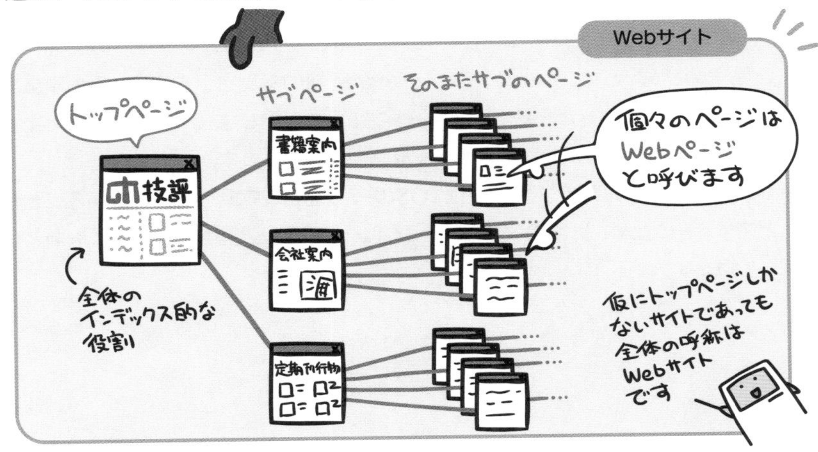

Webサイトのアドレスを記載する場合は、トップページの場所を記すのが普通です。

WWWブラウザ（Webブラウザ）

ダブリュダブリュダブリュ

Webサイトを閲覧するために使うアプリケーションソフトのことで、Webブラウザや単にブラウザとも呼ばれます。

このソフトの役割は、主にインターネットからHTMLファイルを取得して、そこに書かれた構文をもとにテキストを整形して表示することです。HTMLファイル内に画像の指定があった場合は、その画像を取得した上でテキストとともに表示するという、グラフィカルな側面も持ちます。

こうしたグラフィカルなWWWブラウザとしては、1993年に発表されたNCSA（米国立スーパーコンピュータ研究所）のMosaicというWebブラウザが世界最初のものとなります。その後この開発チームはNetscape Communicasions社を興し、Netscape NavigatorというWWWブラウザを発表。インターネットの爆発的な普及に貢献します。

しかし、インターネットの爆発的な普及にともない、GUIインフラとしての役割も持ちはじめたWWWブラウザに危機感を抱いたのか、1995年にはMicrosoft社もMosaicのライセンスを受けてInternet ExplorerというWWWブラウザの開発に着手。激しい競争の結果、このInternet Explorerが圧倒的なシェアを占め、そのまま寡占状態に至るかと見えました……が、スマートフォンの台頭によって、現在はApple社のSafariやGoogle社のChromeなどがメジャーになっています。

近年こうしたWWWブラウザ機能は、OSの一機能として組込み済みであることがほとんどです。そのため、単独のアプリケーションソフトだと意識する機会は以前と比べて減っています。

関連用語

インターネット（the Internet）……168
WWW（World Wide Web）……174
Webサイト……176
ホームページ……180
HTML（Hyper Text Markup Lnguage）……220

WWWブラウザとは、Webサイトを閲覧するために使うアプリケーションソフトのことです。
単にブラウザと呼ばれたりもします。

WWWブラウザは、インターネット上のWWWサーバに対して、閲覧したいファイルを「くれ」とリクエストします。

そうしてWWWサーバからHTMLファイルなどを受け取ると…

そいつをせっせかせっせかと整形して…

「はいどうぞ」と、見ることのできる形にするのがお仕事です。

ホームページ

Webサイトと同義で使われることが多く、WWW（World Wide Web）上で、データやファイルがひとまとまりで置いてある場所を示す言葉として用いられています。HP、ホムペなどとも略されます。

しかしこの用例は本来誤用であり、もともと本来の意味は、WWWブラウザを起動した際に一番最初に表示させるスタート画面（Webサイト）をあらわす言葉でした。多くのWWWブラウザは「ホーム」ボタンを有しており、そのボタンをクリックすることで、このスタート画面に戻るという動作を行います。つまり、「ホーム画面（スタート画面）として表示するページ」を指す言葉がホームページだったわけです。

しかし、インターネット黎明期において、多数のWebサイトがトップに戻るボタンとしてホームボタンを設置していた影響もあってか、「Webサイトのトップページ＝ホームページ」と意味が転じ、さらにはHTML習得のための初心者向け解説本に載っていた作例が、軒並み「○○のホームページへようこそ！」というトップページであったことが拍車をかけました。雨後のタケノコのようにポコリポコリと量産されるWebページにはいずれも「ホームページ」という言葉が躍り、やがて多くの雑誌やメディアもこの言葉を誤用のまま使用するに至って、一般層には「Webサイト」という言葉よりも、「ホームページ」が馴染みのある言葉として定着してしまいました。

ちなみに本書では、初心者層を読者ターゲットとする観点から、「初心者に意味の通じやすい言葉を極力選ぶ」として、「ホームページ」を誤用側の意味のまま用いています。

関連用語

インターネット（the Internet）……168
WWW（World Wide Web）……174
Webサイト……176
WWWブラウザ……178
HTML（Hyper Text Markup Lnguage）……220

「ホームページ」という用語の本来の意味は、WWWブラウザ起動時のスタート画面(として表示させるWebサイト)のことです。

それが本来の意味を離れて「私のページ/私のWebサイト」といった意味で誤用されるようになり、そのまま定着してしまいました。

このような誤用は日本国内に限るものです。したがって、海外で使っても意味は通じません。

ユー アール エル

URL
(Uniform Resource Locator)

インターネット上で、ファイルの位置を指定するための記述形式、もしくはそれによって記述されたアドレスそのものを示します。もっとも馴染み深いところでは、WWWのホームページアドレスを指定するために使われており、店舗のチラシや名刺などに住所などと併記されていることも珍しくなくなりました。

URLによって記述されたアドレスは「http://www.kitajirushi.jp/pg_manga/index.html」といった形式をとります。先頭の文字列はそのファイルにアクセスする方式を示しています。WWWの場合はhttpというプロトコルによってページ情報を取得しますので、その方式を示す「http」という文字列が先頭に来ています。続く「www.kitajirushi.jp」はドメイン名。kitajirushi.jpドメインに属しているwwwという名前のコンピュータを指しています。

このドメイン名によってIPアドレスが確定しますので、これによりインターネット上の特定のコンピュータに対して、httpというプロトコルでアクセスするという指定を行ったことになります。以降の「/pg_manga/index.html」はファイル名。そのコンピュータが公開しているpg_mangaフォルダの下のindex.htmlというファイルを参照したいと指示しているわけです。

WWWブラウザでは、このURLをアドレスとして入力することで、目的のページが表示されます。

関連用語

ネットワークプロトコル …… 34
IPアドレス …… 50
ドメイン …… 56
インターネット(the Internet) …… 168
Webサイト …… 176
WWWブラウザ …… 178
ホームページ …… 180
HTTP(HyperText Transfer Protocol) …… 198

URLとは、インターネット上でファイルの位置を指定するための記述形式、もしくはそれによって記述されたアドレスそのものを示します。
もっとも馴染み深いところでは、WWWのホームページアドレスを指定するために使われています。

URLによって記述されたアドレスは以下のような形式になっています。

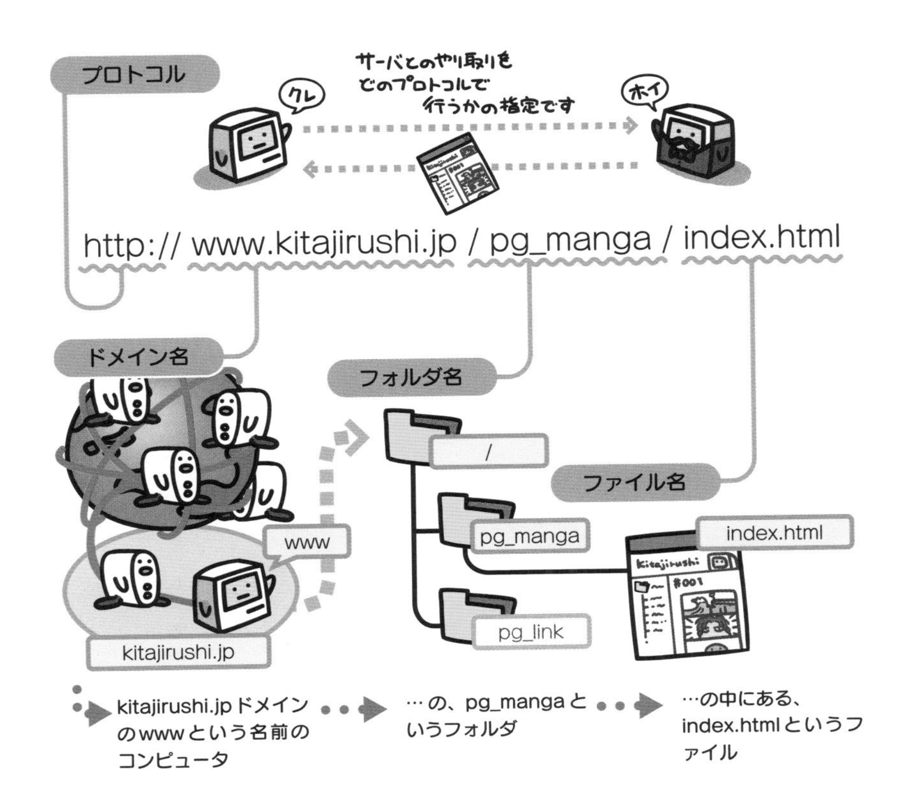

電子メール
(e-mail)

簡単に言うと手紙のコンピュータネットワーク版です。電子メール用のアドレスを各人が持ち、この電子メールアドレスを宛先として、コンピュータ上で書いたメッセージを電子データのまま送ることができます。電子メールを運用するためのシステムには様々なものがありますが、インターネットの普及によって一般的には電子メールと言えばインターネットメールのことを指すようになりました。

電子メールを利用するには、専用のアプリケーションを使うことになります。こうしたアプリケーションをメーラーと呼びます。メーラーによって作成した電子メールは、相手の電子メールアドレスを宛先に指定して送信を行います。送信された電子メールは一旦相手のメールサーバで保管され、先方がメールサーバに対して電子メールの受信確認を行った際に届けられます。電子メールが相手に届けられる時間は中継するネットワークの速度によって変化しますが、基本的にはデータの送受信と変わりありません。本当の手紙のように2〜3日かかるということはなく、ほとんどの場合瞬時に相手へと届けられます。

電子メールには、本文を記した文字データだけでなく、様々なファイルを添付して送ることができます。ファイルであればほとんど何でも送ることができると言えますので、今では顧客とのやり取りに電子メールを利用して、納品までのすべてのやり取りをネットワーク上で完結させる事例も珍しくありません。ただしこの添付ファイルを悪用した形のコンピュータウイルスも多数存在するため、身に覚えのない添付ファイルが送られてきた場合には注意が必要です。

関連用語

ドメイン……56
インターネット(the Internet)……168
SMTP(Simple Mail Transfer Protocol)……200
POP(Post Office Protocol)……202
IMAP(Internet Message Access Protocol)……204

電子メールとは簡単に言うと、「手紙をコンピュータネットワーク上でやり取りできるようにしたもの」です。文章の他にも、様々なファイルを添付して送ることができます。

電子メールのやり取りには、以下のような形式の電子メールアドレスを使用します。このアドレスは、そのユーザの郵便受けが、インターネット上のどこにあるのかを示すものです。

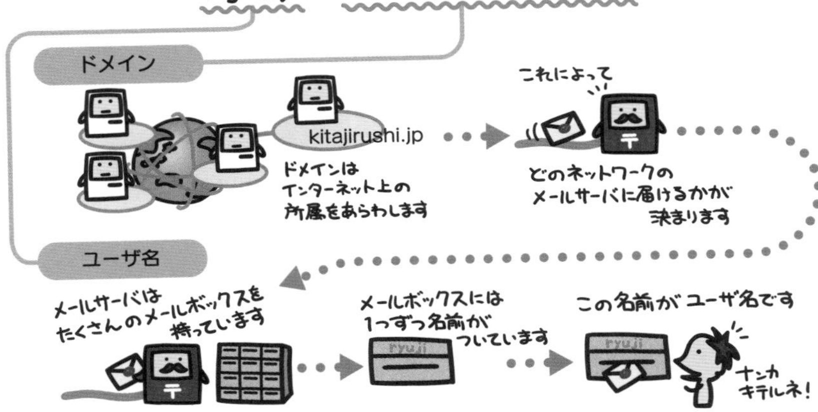

電子メールは次のような手順を踏んで、インターネット上を送られていきます。

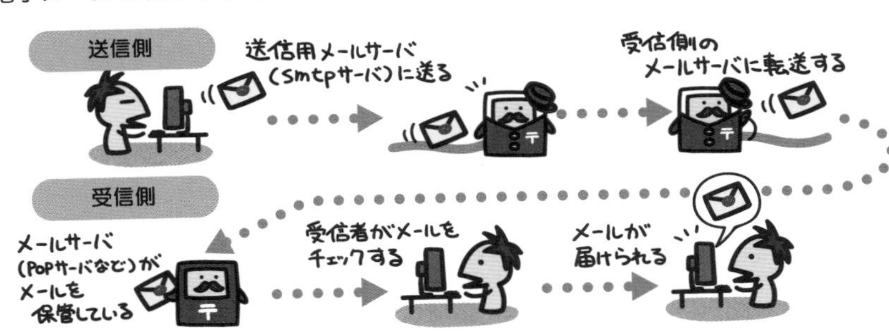

ネットニュース
(Net News)

7

インターネットにおける電子会議室システムです。名前からは「ニュースが配信される」イメージを受けますが、実際は利用者による情報交換用のシステムで、ニュースグループという単位でテーマごとに枝分かれした会議室上を、様々な情報が行き交うようになっているものです。

ネットニュースを利用するには専用のアプリケーションが必要です。このアプリケーションのことをニュースリーダーと呼びます。しかし、基本操作自体は電子メールを利用する場合と共通点が多く、そのためニュースリーダーをメーラーと統合させた形式も多数見られました。

ネットニュース上に投稿された内容は、各地にあるニュースサーバから参照することができるようになっています。ニュースサーバは投稿を受けると、その内容を隣接するニュースサーバにも伝達します。それがバケツリレーのように繰り返されて行くことによって、投稿内容が世界中のサーバへと届けられるという仕組みです。

インターネットの基本サービスとして、ISP (Internet Service Provider) の多くはネットニュースを利用するためのニュースサーバを開放していました。しかし、インターネット上の会議室、掲示板というと、現在はWWW上に公開されている掲示板ページなどを利用することが多く、一般ユーザへの知名度という点ではあまり高いとは言えません。

利用者の減少に伴い、ISPによるニュースサーバサービスも提供終了となるケースが相次ぎ、現在はほぼ消滅状態となっています。

関連用語

インターネット(the Internet) …… 168
ISP(Internet Services Provider) …… 170
電子メール(e-mail) …… 184
NNTP(Network News Transfer Protocol) …… 206

ネットニュースとは、インターネットにおける電子会議室システムのことです。名前からは「ニュースが配信される」印象を受けますが、実際は利用者による情報交換用のシステムです。

ネットニュースでは、テーマごとにニュースグループという単位で会議室が分かれています。

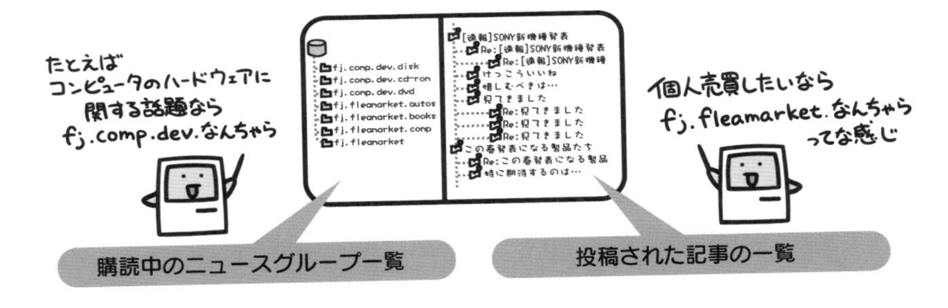

インターネット上のシステムであるため世界的な規模を持ちます。
隣接するニュースサーバ同士が投稿内容を配信し合うことで、世界各地どのニュースサーバからでも参照することができるのです。

ポータルサイト

インターネットの入り口的な役割を担うWebサイトを指す言葉で、単にポータル、もしくはWebポータルなどとも言われます。

ポータルとは、「表玄関や入り口」という意味の言葉で、「そうした意味を持つWebサイト」ということからポータルサイトという言葉が生まれました。具体的には、WWWブラウザを立ちあげた時に多くの人が最初に開くであろうWebサイト、これをポータルサイトと呼びます。

代表的なものにはYahoo!※1やGoogle※2といった、各種ニュースサイトや検索サイト、Microsoft社のようなWWWブラウザ開発元が提供するWebサイトなどがあります。いずれも、「ユーザがインターネットに求めるであろう機能」を前面に打ち出すことで、利用者の獲得に努めています。基本的には無料で提供されるサービスであり、ポータルサイト自体の運営費は広告などで賄われます。

ポータルサイトであると認知されるまでになれば、そこには多くの利用者がのぞめます。広告媒体としての価値も高まりますし、新しいサービスの発信元としても大きな力を持つことでしょう。

そのような関係で、この分野では様々な事業者が己の強みを生かしながら、激しい競争を繰り広げています。

※1 Yahoo! (https://www.yahoo.co.jp)
※2 Google (https://www.google.com)

関連用語

インターネット(the Internet) …… 168
WWW(World Wide Web) …… 174
検索サイト …… 190
WWWブラウザ …… 178

WWWブラウザを起動した時に、多くの人が最初に開くであろうWebサイト。
これをポータルサイトと呼びます。

ポータルとは、表玄関や入り口という意味。

そんでもって最初に開くWebサイトというのは、その人にとって「インターネットへの入り口」なのと同じこと…。

ガチャ
ガチャ
ガチャ

だからそうしたWebサイトを、「ポータルサイト」と呼ぶのです。

ポータルサイトは多くの利用者を抱えているので、広告媒体としての価値も高いのが普通です。

検索サイト

インターネット上に公開されている情報を、キーワードなどを使って検索できるWebサイトのことを指します。他にサーチエンジン、検索エンジンといった呼び方があります。

検索サイトは大きく分けて2つの種類に分類できます。ひとつは「ディレクトリ型」。これは、あらかじめWebサイトをカテゴライズ化して登録しておき、その中から検索・抽出を行うものです。もうひとつは「全文検索型」。こっちは、公開されているWebサイトの内容をあらかじめ機械的に収集しておいて、その中をキーワードで検索するものです。

ディレクトリ型はキーワードに依らずとも、大分類から小分類へと自分の興味に沿ったカテゴリを選択していくことで、希望に叶うWebサイト情報が得られるところにメリットがあります。しかし、その「あらかじめカテゴライズ化する」という部分を満たすためには、人の手を介したWebサイトの登録作業が必要となり、網羅できる情報量に限りが出てしまいます。一方、全文検索型はロボットと呼ばれる自動巡回型のプログラムを使って、Webサイトの内容を収集します。そのため、広く網羅された情報からキーワード検索を行うことができますが、反面「多くの情報がヒットしすぎて、検索結果から必要な情報だけを拾うのに手間がかかる」という弊害があると(Google登場前までは)されていました。

こうした検索サイトは、日本国内ではYahoo!※1やGoogle※2といったあたりが代表的です。かつてはディレクトリ型検索サイトであるYahoo!が検索サイトの定番となっていましたが、検索結果に重み付けを行うことで全文検索型の弱点を払拭したGoogleが登場して以降、検索サイトの主流はそちら側へ移行しました。

※1　Yahoo! (https://www.yahoo.co.jp)
※2　Google (https://www.google.com)

関連用語

インターネット(the Internet)…… 168
WWW(World Wide Web)…… 174
WWWブラウザ…… 178
ポータルサイト…… 188

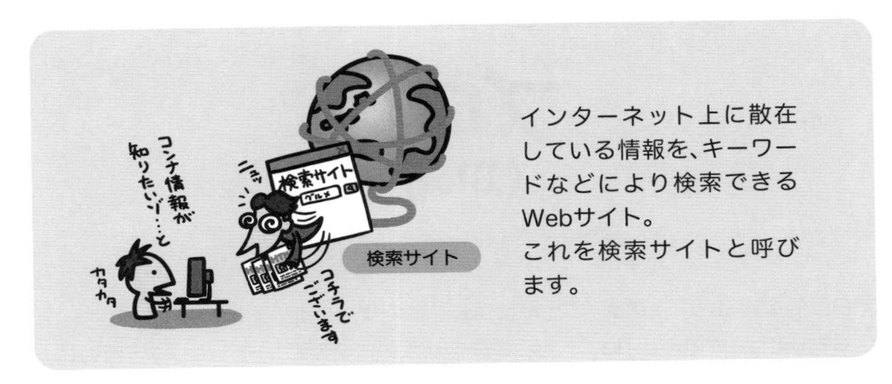

インターネット上に散在している情報を、キーワードなどにより検索できるWebサイト。
これを検索サイトと呼びます。

検索サイトは、大別すると2種類にわけることができます。

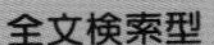

全文検索型

全文検索型はロボットと呼ばれるプログラムがとにかく情報を掻き集め…

それらをデータベースとして片っぱしから保管することで、検索に備えます。

自動巡回型プログラムが掻き集めた、膨大な情報の中からキーワード検索が行えます。その結果から必要な情報だけを拾いあげるには手間を要するとされていましたが、Googleの登場以降は評価が一変し、一気に主流となりました。

ディレクトリ型

カテゴライズされた情報から、希望に叶うWebサイトを見つけ出すことができます。しかし登録に人の手を介するため、網羅できる情報量には限りがあります。

ブログ
(Blog)

7

日記的なWEBサイトの総称で、他にウェブログ（Weblog）とも呼ばれます。

もともとは「Web」と「log（ログ:記録されたデータのこと）」をくっつけた造語がWeblogであり、それを略したBlogという言葉が定着して現在に至ります。ここでいう「log（ログ）」が、日記として蓄積されていくデータそのものを示し、つまりは「Web上でつけられた日記が日々蓄積されていくもの」という意味になるわけです。

この言葉の登場以前から、日本では個人によるWeb日記サイトが盛況でした。Web上で蓄積されていく日記サイトという意味では、こうしたWeb日記サイトも広義の意味で、ブログのひとつである……ということになります。

一方で、「ブログというのはブログ作成ツールにより自動更新される仕組みを備えたWebサイトのことを指す」というとらえ方もあります。

この代表的なものが「Movable Type」や「WordPress」というツールを使ったものです。こうしたツールによって設置されたブログは、各記事の管理システムを有する他にも、記事ごとに読者がコメントをつけることができたり、関連した話題を取り扱う他のブログ上に逆リンクを残す（トラックバック）ことができたりと多彩な機能を誇ります。そうした機能によりブログ同士が密接に絡み合い、独特のコミュニティを形成したりしますが、それが「ブログだ」とする考え方です。

このような背景から、現在では日記などの内容面から見た考え方と、コメントやトラックバックなどの機能的な面から見た考え方との、双方を網羅する形でこの言葉は使われます。そのため、「ブログ」という言葉には、かなり広い意味が含まれることになります。

関連用語

インターネット(the Internet) …… 168
WWW(World Wide Web) …… 174
HTML(Hyper Text Markup Lnguage) …… 220

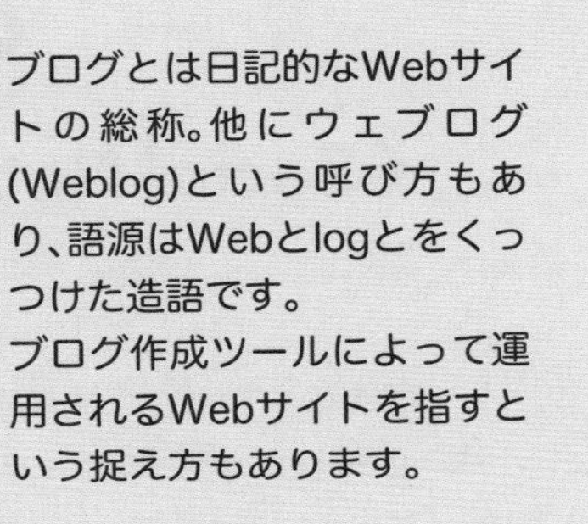

ブログとは日記的なWebサイトの総称。他にウェブブログ(Weblog)という呼び方もあり、語源はWebとlogとをくっつけた造語です。
ブログ作成ツールによって運用されるWebサイトを指すという捉え方もあります。

ISP（Internet Service Provider）などが提供する「ブログ開設サービス」は、ブログ作成ツールを使ったものがほとんどです。

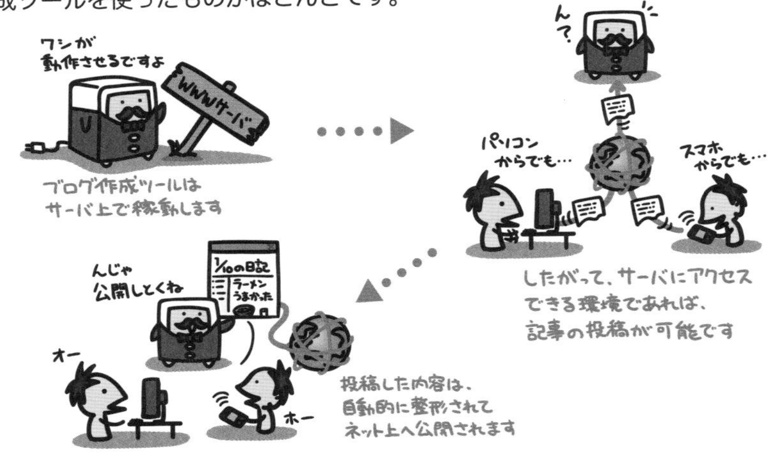

記事へのコメントやトラックバックを受け付けたりする機能を持つ点も、こうしたツールの利点です。

記事に対して、感想などを書き添えることができます。

関連した記事同士が、有機的なつながりを持ちます。

SNS
(エス エヌ エス)

(Social Networking Service)

ユーザー同士のつながりに主眼を置いたコミュニティサービスの総称がSocial Networking Service(ソーシャルネットワーキングサービス)です。Social (ソーシャル) とは、「社会的」「社交的」という意味を持ち、参加者が互いに何らかの関係性を持つことで、ネットワークを拡大していくところに特徴があります。

インターネットの世界では匿名性が重要視されますが、初期のSNSでは非匿名性が重要視されていました。これによって現実社会のつながりをそのままサービス内に持ち込み、「友達の友達はみな友達」というように交流を広める一助としていたのです。この時期は、参加するために既存会員からの招待を必要とすることが多く、会員制サービスといった趣でこれが認証の役割を果たしていました。

SNS内では、簡易ブログ的な機能を内包することが一般的です。ユーザーはプロフィールや写真を公開したり、簡単な日記を発信したりすることで、互いのコミュニケーションを促進し、コメントを送り合うなどしてつながりを育てます。

現在はユーザーに対して直接声を届けることのできる情報発信ツールとしても価値が認められており、各企業や各国政府機関など、様々な場面でSNSの活用が進められています。

代表的なSNSとしては、Facebook[※1]やTwitter[※2]、Instagram[※3]、LINE[※4]などが挙げられます。

※1 Facebook (https://www.facebook.com)
※2 Twitter (https://twitter.com)
※3 Instagram (https://www.instagram.com)
※4 LINE (https://line.me)

関連用語

インターネット(the Internet) ………… 168
WWW(World Wide Web) ………… 174
ブログ(Blog) ………… 192

SNS(Social Networking Service)とは、コミュニティサービスの一種。
社交的なネットワークという意味を持ち、利用者同士のつながりに重きをおいているのが特徴です。

SNSの世界では、ユーザーはそれぞれアカウント登録を行い、写真を共有したり、ちょっとした短文を発信したり、目に付いた発信に対してコメントを寄せるなどして、互いにコミュニケーションを行います。

時にユーザーは、互いに友達になったり相手をフォロー (発信内容の受信登録を行うこと)するなどして、何らかのつながりを持つことになります。

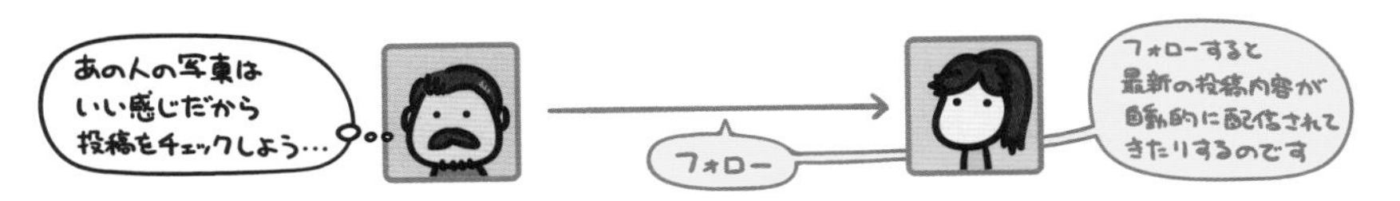

これによって人物相関図のようなものが作られていきます。つながりがつながりを呼んで自動的にネットワークが広がっていくところに、SNSの大きな特徴があります。

column

個人による情報発信は意味がない？

インターネットという言葉がパソコン雑誌にちらほら登場しはじめた頃はというと、僕はちょうど就職活動にいそしんでいたあたり。こりゃすごいもんが出てきた、これからはパソコン業界だ（IT業界という言葉はまだなかった）……などと思いながら、まったくパソコンの知識もないままソフトウェア開発会社の門戸をあちこち叩いていたのです。

当時、同じく就職活動にいそしむ同級生と部屋で酒を飲んでいた時に、自然と話題がその方面へ向かいました。その友人にしてみれば、インターネットとかそんなわけのわからんものが流行るわけがないと。昔あったキャプテンシステムとかいうのと同じだろ？（ぜんぜん流行らず消えただろ?）と見えたようです。

確かに両者は売り文句が似ていたんですよね。あらゆる情報が引き出せる情報革命だみたいな感じで。けれども絶対的にちがうものがひとつあって、それが「個人でも情報発信が可能になる」というものでした。

「え？個人が情報発信して何するんだよ」

それが友人の返す答えでした。そして当時、その考え方は決して珍しいものではありませんでした。たまたま僕なんかは「まんがを描いて発表したい」と思っていたから、情報発信できるという特性に飛びついたわけですが、そういうものを持たない身からすると「発信できる」と言われても「何を？」となるのが普通だったんですね。

今では多くの人がブログを持ち、さらに多くの人がSNSを介して自分の日常を気軽に発信しています。この人たちにしてみれば、発信は「する」か「しない」かであって、わざわざ「発信"できる"」と考える感覚すらすでに消えていることでしょう。

"発信"がいつの間にか特別なものじゃなくなって、そこにいちいち意味を求める時代は終わっていたんだな……。ふと昔を振り返ると、そんな風にしみじみ思います。

8章

インターネット技術編

エイチティーティーピー
HTTP
(HyperText Transfer Protocol)

WWWサービスにおいて、WWWサーバとWWWクライアント間で通信を行うために使用するネットワークプロトコル。通常は通信ポートとして80番を使用します。一般ユーザはほとんどの場合、WWWブラウザをWWWクライアントとして使用しますので、WWWサーバからWWWブラウザが情報を取得するために用いるプロトコルだと言い換えても良いでしょう。

HTTPはごく単純なプロトコルで、WWWクライアントの発行するリクエストに対してWWWサーバが返答するだけといった仕組みで動作します。WWWクライアントからは、HTMLファイルなどの「取得したいファイルのURL」をはじめとするリクエスト情報が送付され、WWWサーバはその情報を受けてデータを返却します。返却時には、MIMEの定義に基づいたデータ属性やサーバ種類などのヘッダ情報と、リクエストを受けたデータ本体とが返されますが、この時データ本体には特別な処理は加えられず、データをどう処理するかはすべてWWWクライアント側に託されます。このようにシンプルな仕組みであるため、それが逆に自由度を生むこととなり、静止画や動画・音声など様々な情報の取り扱いを可能としています。

HTTPによるファイル転送は、リクエストに対して返答するといった1回のやり取りでコネクションが切断されます。そのため、一連の操作を複数のページにまたがって処理したい場合でも、ページ間で情報を保持することができないという欠点を持っていました。これに対してHTTP 1.1では、リクエストに対して返答する1回の処理で完結とせず、コネクションを切らないまま複数のリクエストを継続して行えるよう機能が拡張されています。さらに2012年頃から標準化が進められたHTTP/2においては、1つのコネクション内でリクエストを多重化できるようにするなどの効率化が図られています。

関連用語

ネットワークプロトコル……34
ポート番号……54
インターネット(the Internet)……168
URL(Uniform Resource Locator)……182
WWW(World Wide Web)……174
Webサイト……176
WWWブラウザ……178
ホームページ……180
MIME(Multipurpose Internet Mail Extensions)……216
HTML(Hyper Text Markup Lnguage)……220

HTTPとは、WWWサービスでサーバとのやり取りに使われるプロトコルです。WWWブラウザが、WWWサーバから情報を取得する時は、このプロトコルを使って通信が行われます。

HTTPは単純なプロトコルで、「くれ」とリクエストされたデータに、データの属性(静止画とか、テキストとか…)などをヘッダとしてくっつけて送り返すだけです。

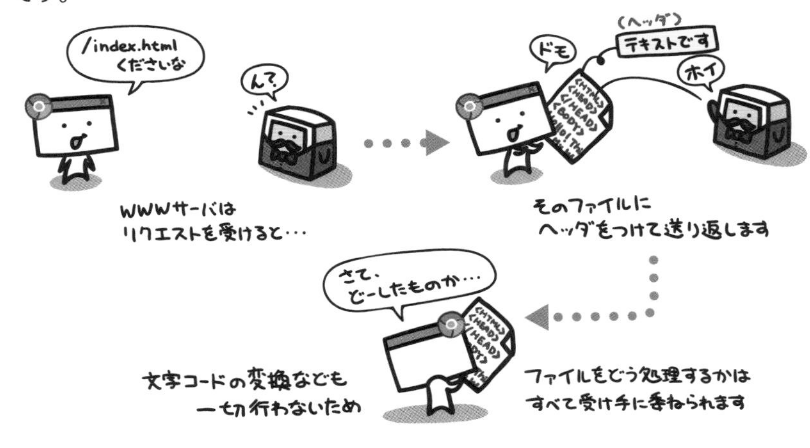

シンプルであるがために自由度も高く、静止画や動画、音声など様々なファイルを転送することができます。

SMTP
(Simple Mail Transfer Protocol)

エス エム ティーピー

インターネットメールの送信用に用いられるネットワークプロトコルで、通常は通信ポートとして25番を使用します。このSMTPに対応したサーバをSMTPサーバ、もしくは送信用サーバなどと呼びます。

インターネット上で行われる電子メールの送受信は、それぞれ別々のプロトコルによって成り立っています。このうち、電子メールの送信用に用いるプロトコルがSMTPです。電子メールソフトからメールサーバへ送信する際や、メールサーバ間で電子メールのやり取りを行う時に利用します。

電子メールを送信すると、そのデータは送信者のSMTPサーバへ送られ、さらにSMTPサーバから宛先側のSMTPサーバへと送られて、受信者（宛先として指定したメールアドレス）のメールボックスに保存されます。このメールボックスとは、メールサーバ内にある個人用フォルダのことで、インターネット上に設置された私書箱のような役割を果たします。つまり送信されたメールは、相手先の私書箱で保存されて、実際にそのユーザが受け取りにくるまで保管されているということになるのです。

SMTPの役割はここまでであり、実際にメールボックスから受信メールを取り出すのはPOPなど受信用プロトコルの仕事となります。このように送信と受信とを切り分け、送信時にはインターネット上のメールボックスに届けるまでとすることで、受信側のコンピュータがインターネットに接続されていなくとも、電子メールは問題なく相手に届けられるのです。

関連用語

ネットワークプロトコル……34
ポート番号……54
インターネット(the Internet)……168
電子メール(e-mail)……184
POP(Post Office Protocol)……202

SMTPとは、電子メールの送信用に用いられるプロトコルです。
このSMTPに対応したサーバのことをSMTPサーバと呼びます。

電子メールを実際の郵便に置き換えて考えると…

ポストから、相手の郵便受けに届けるまでが、SMTPの役割となります。

STMPサーバには次のような2つの仕事があります。

郵便ポスト：電子メールソフトから送信された、メール本文を受け付けます。

郵便屋さん：メールアドレスで指定された宛先メールサーバまで、電子メールを配送します。

POP（ポップ）
(Post Office Protocol)

インターネットメールの受信用に用いられるネットワークプロトコルで、通常は通信ポートとして110番を使用します。受信用といっても、どこかから送信されたデータを受け取るというわけではなく、メールサーバに接続して、着信している電子メールを自分のメールボックスから取得するためのプロトコルです。

インターネット上で電子メールをやり取りする場合、直接相手に送り届けるという仕様では、相手がインターネットに接続されている状態でないと届けることができません。そのため送信用と受信用のプロトコルを分け、送信用のSMTPではメールサーバ上のメールボックスに届けるところまでを担当し、受信用のPOPではメールボックスから電子メールを取り出してダウンロードするといったように、送信と受信の処理を完全に切り分けているのです。

ここで言うメールボックスは、メールサーバ内にある個人用フォルダのことです。インターネット上に設置された私書箱のような役割を果たします。受信したメールがこの私書箱に一旦保管される仕組みになっていることで、受信者の接続状態を問わず、いつでも電子メールを届けることができるわけです。

POPに対応した電子メールソフトは、基本的に閲覧するデータをすべてダウンロードして、サーバ上には残しません。これによって、一度受信した電子メールはインターネットに接続しなくとも読むことができるわけですが、逆に複数のコンピュータを使い分けたい場合には不便さを生むことになります。これに対しIMAPという方式は、POPとは逆にサーバ側でメールデータを管理するという前提になっているため、インターネットに接続されている環境であれば、どのコンピュータからでも電子メールを読み書きすることができます。

関連用語

ネットワークプロトコル …… 34
ポート番号 …… 54
インターネット(the Internet) …… 168
電子メール(e-mail) …… 184
SMTP(Simple Mail Transfer Protocol) …… 200
IMAP(Internet Message Access Protocol) …… 204

電子メールを実際の郵便に置き換えて考えると…

郵便受けから電子メールを取り出すのが、POPの役割となります。

POPサーバは、電子メールソフトなどのPOPクライアントから「受信メールくださいな」と要求があがってくると…

そのユーザのメールボックスから、受信済みのメールを取り出して配送します。

IMAP（アイマップ）
(Internet Message Access Protocol)

受信したインターネットメールをサーバから取得するためのネットワークプロトコルで、通常は通信ポートとして143番を使用します。現在はIMAP4というバージョンが利用されています。

受信メールをサーバから取得する用途としては、他にPOPという受信用のプロトコルが存在します。両者ともに「メールを取得する」という目的は同じですが、根本的な考え方は異なっており、主にデータの置き場所に違いを見て取ることができます。

POPは基本的に受信メールをダウンロードするためのプロトコルです。そのためサーバ側にデータは残らず、複数のコンピュータを使い分けているような環境では、データを共有することが困難でした。たとえば、会社のコンピュータで受信した電子メールは、自宅のコンピュータでは参照できません。双方のコンピュータ上で同じデータを共有するためには、手動でファイルのコピーを行なう必要がありました。

これに対し、IMAPでは送信した電子メールを含む、すべての送受信データをサーバ上で管理します。したがって、データは常に1ヶ所で管理されており、このプロトコルに対応した電子メールソフトさえあれば、どのコンピュータからでも同じデータを用いて電子メールの送受信が行えます。

IMAPのプロトコル仕様は、POPに比較して複雑であったため、当初は対応した電子メールソフトが少なく、そのためさらに普及が遅れるという悪循環に陥っていました。しかし、現在では主要な電子メールソフトの対応も進み、広く利用されるようになっています。

関連用語

ネットワークプロトコル ………… 34
インターネット(the Internet) ………… 168
電子メール(e-mail) ………… 184
SMTP(Simple Mail Transfer Protocol) ………… 200
POP(Post Office Protocol) ………… 202

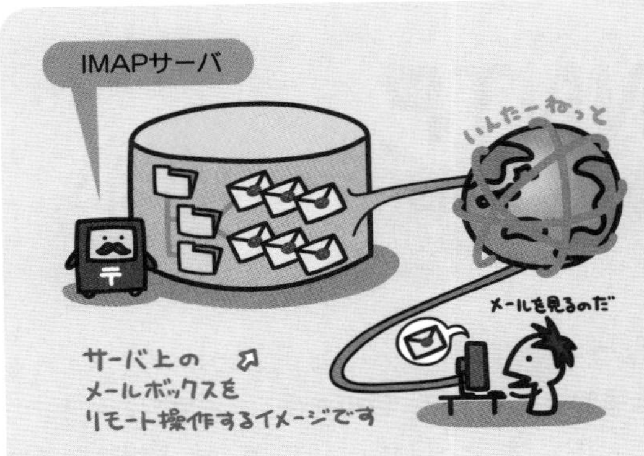

IMAPとは、受信した電子メールをサーバから取得するためのプロトコルです。POPと違い送受信データをサーバ上で管理するため、どのコンピュータからでも同じデータを参照することができます。

POPが電子メールのダウンロードプロトコルだとすると、IMAPはメールボックスへのアクセス制御プロトコルだと言えます。

メールサーバ上に送受信データを置いているため、複数のコンピュータを使い分けている環境でも、常に同一のデータを用いて送受信を行うことができます。

エヌ エヌ ティーピー NNTP (Network News Transfer Protocol)

インターネット上の電子会議室システムである、ネットニュースにおいて使用されるネットワークプロトコルで、通常は通信ポートとして119番を使用します。投稿記事の配信や、ユーザからの投稿受け付け、およびニュースサーバ間で行われる記事の交換に用いられます。

ニュースサーバとは、ネットニュース上を流れる記事の保存と配信を行うサーバで、NNTPサーバとも呼ばれます。ネットニュースにおける最大の特徴は、このニュースサーバ同士がNNTPを用いて相互に情報交換をすることにあります。

ニュースサーバは投稿を受けると、その内容を隣接するニュースサーバにも伝達します。ただし記事の送信は無条件に行われるのではなく、相手のニュースサーバがその記事を持っていない場合だけ行うことになっています。それがバケツリレーのようにニュースサーバ間で繰り返されて行くことによって、世界中のニュースサーバから同じ投稿内容を参照できるようになっているのです。

古くはUUCP (Unix to Unix CoPy) というプロトコルを用いて、サーバ間でのやり取りを行っていましたが、TCP/IPによる常時接続が一般化したことから、NNTPによる配信が一般化されました。

関連用語

ネットワークプロトコル …… 34
ポート番号 …… 54
TCP/IP …… 38
インターネット(the Internet) …… 168
ネットニュース(Net News) …… 186

NNTPとは、インターネット上の電子会議室システムである、ネットニュースにおいて使われるプロトコルです。
投稿記事配信や投稿の受け付け、ニュースサーバ間での記事交換に用いられています。

ニュースサーバとは、ネットニュース上を流れる記事の保存と配信を行うサーバです。

ネットニュースでもっとも特徴的なのが、ニュースサーバ同士が相互に情報交換を行うことです。

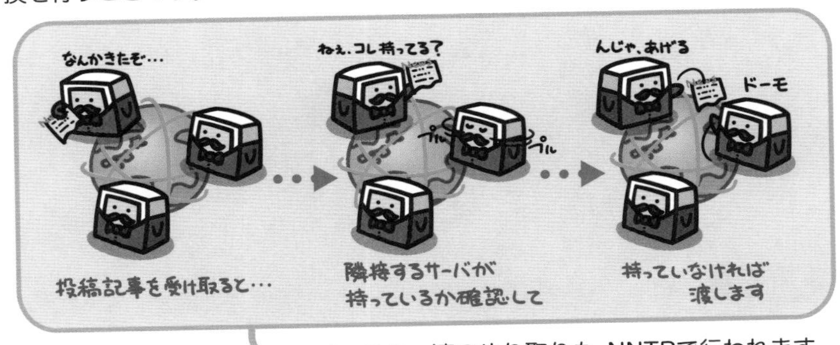

この一連のやり取りも、NNTPで行われます。

エフティーピー

FTP
(File Transfer Protocol)

サーバとクライアントという2台のコンピュータ間で、ファイル転送を行うためのネットワークプロトコルです。通常は通信ポートとして制御用に21番、データ転送用に20番を使用します。

FTPによるファイル転送は、ユーザ認証からはじまります。ユーザ認証にパスしたユーザは、FTPのコマンドを用いてフォルダの作成や、ファイルのダウンロードやアップロードといった操作を行うことができます。

FTPによるファイルの送受信に関しては、ユーザごとに細かく権限を設定することが可能です。これによって、特定のユーザは参照のみだとか、このフォルダは一部のユーザだけが参照できるといった制限をサーバ側で行うことができます。こうしたユーザコントロールをサポートしているのが、ファイル転送用として重用される理由です。

FTPで行うファイルの転送には、ASCIIモードとバイナリモードという2つのモードがあります。ASCIIモードは主にテキストファイルの転送時に用いるモードで、ファイル内の改行コードを転送先のシステムに合う形へ変換します。バイナリモードはその逆に一切の変換を行わないモードです。プログラムの実行ファイルや画像ファイルなど、ファイル内容を改変されては困るデータではこちらのモードを利用します。

インターネット上で公開されているFTPサーバは、ファイルの配布用として誰でもダウンロードを行えるようにしたanonymous(アノニマス)(匿名) ftpが一般的です。

関連用語

ネットワークプロトコル…… 34
ポート番号…… 54
インターネット(the Internet)…… 168

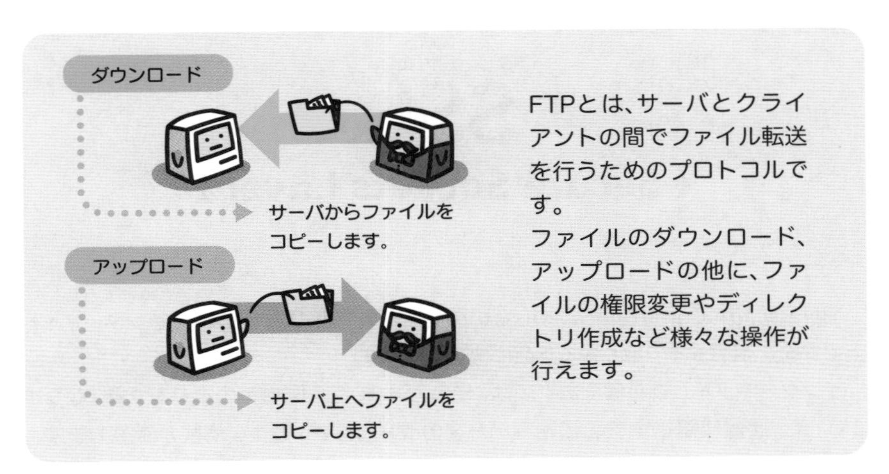

FTPとは、サーバとクライアントの間でファイル転送を行うためのプロトコルです。
ファイルのダウンロード、アップロードの他に、ファイルの権限変更やディレクトリ作成など様々な操作が行えます。

FTPでは、ユーザ認証を行うことによって、ユーザごとに細かく権限を管理することができます。

ファイルの転送には、ASCIIモードとバイナリモードという2つのモードがあります。

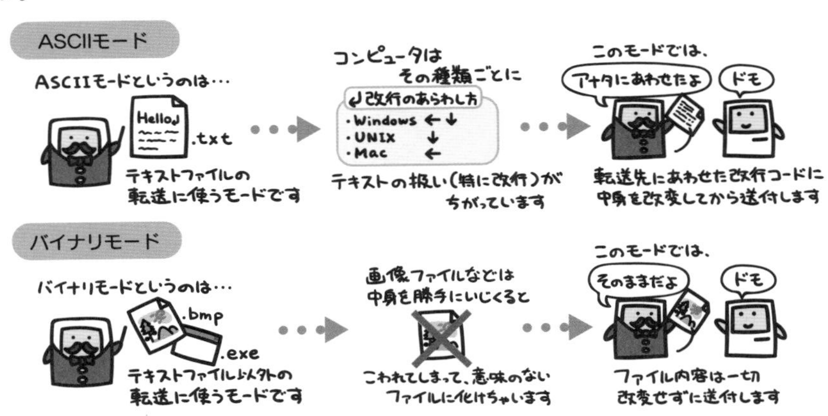

SSL（エスエスエル）
(Secure Sockets Layer)

旧Netscape Communications社の開発した暗号化プロトコルで、インターネット上で安全に情報をやり取りするために使用されます。

インターネット上の通信においては、他者が本来の通信相手の振りをする「なりすまし」や、通信経路途中での盗聴やデータの改ざんなど、様々な危険が存在します。これらはいずれも、クレジットカード番号やパスワードなどの重要な情報が奪われる危険性をはらんでいます。

SSLを利用した通信では、ネットワーク上でお互いを認証できるようにすることで「なりすまし」を防ぎ、通信データを暗号化することによってデータの盗聴や改ざんを防ぎます。こうした安全性は、インターネット上のオンラインショッピングなど、サービスを多様化させるために欠かせない重要な要素と言えます。

Apple社のSafariや、Google社のChromeといった主要なWWWブラウザはこのSSLに対応しており、SSL対応サーバとの間で安全に通信を行うことができるようになっています。

OSI参照モデルで言うと、SSLはトランスポート層とアプリケーション層との間に位置します。上位のアプリケーション層からは、特定のプロトコルに依存せず利用することができますので、HTTPやFTPなど様々なプロトコルで安全な通信を可能にします。

関連用語

OSI参照モデル……36
ネットワークプロトコル……34
ポート番号……54
インターネット(the Internet)……168
WWW(World Wide Web)……174
WWWブラウザ……178
FTP(File Transfer Protocol)……208
HTTPS……212

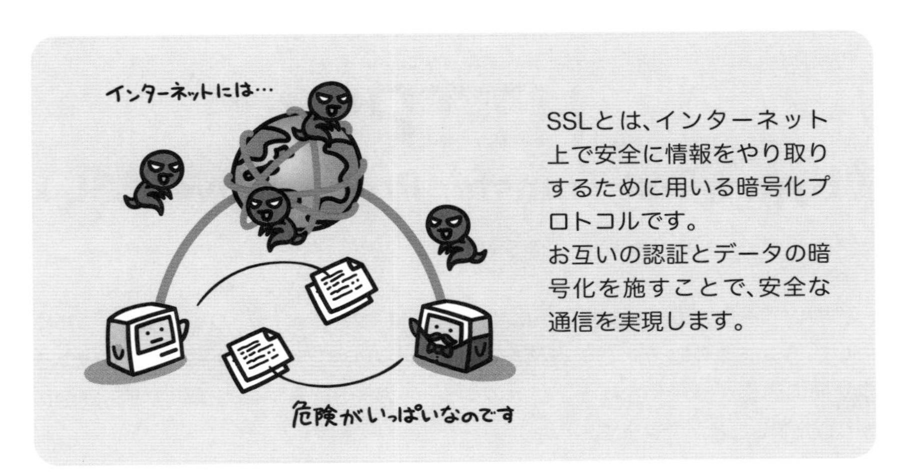

インターネットで行う通信は、「なりすまし」やデータの盗聴、改ざんといった危険に常時さらされています。

SSLで行う通信は、簡単に言うと以下のようなステップを経ることで安全な通信を行います。

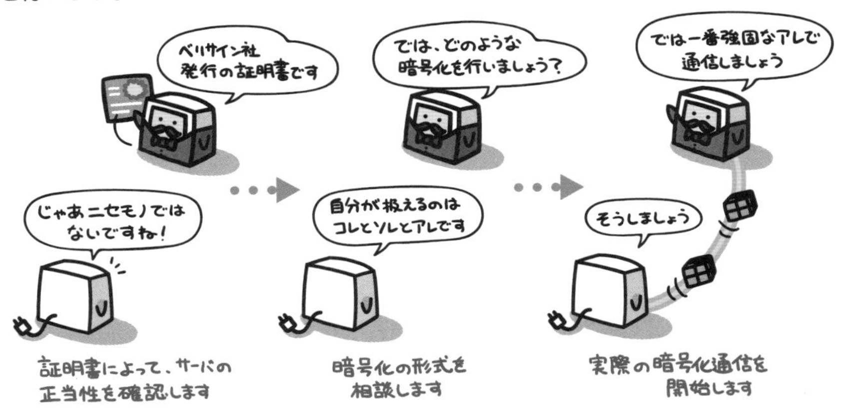

エイチティーティーピーエス
HTTPS
(Hyper Text Transfer Protocol over SSL)

WWWサービスのデータ通信用に利用するHTTPというネットワークプロトコルに対して、SSLによる暗号化通信機能を追加したものです。WWWサーバとWWWブラウザ間の通信が暗号化されることで、クレジットカード番号や個人情報などを安全にやり取りすることができます。

WWWブラウザを用いてホームページを閲覧する時は、表示させたいURLをアドレスとして指定します。通常このアドレスは「http://」ではじまっているのが普通です。しかし、オンラインショッピングを利用している時などに、このアドレスが「https://」ではじまっている場合があります。これはHTTPSを用いて暗号化通信が行われることを示しているのです。

HTTPSではじまるURLのページでは、そのページ上から送信される情報はHTTPSによって安全が保証されることを示しています。これによって、オンラインショッピングでクレジットカード番号を入力したり、会員登録という名目で個人情報を入力したり、そういった情報の漏洩が防止されます。

Apple社のSafariや、Google社のChromeといった主要なWWWブラウザはこのプロトコルに対応しています。これらのWWWブラウザでHTTPSによる通信を行うと、インジケータ部分に暗号化通信中であることを示す鍵マークが表示されます。

関連用語

ネットワークプロトコル……34
インターネット(the Internet)……168
URL(Uniform Resource Locator)……182
WWW(World Wide Web)……174
WWWブラウザ……178
HTTP(HyperText Transfer Protocol)……198
SSL(Secure Sockets Layer)……210

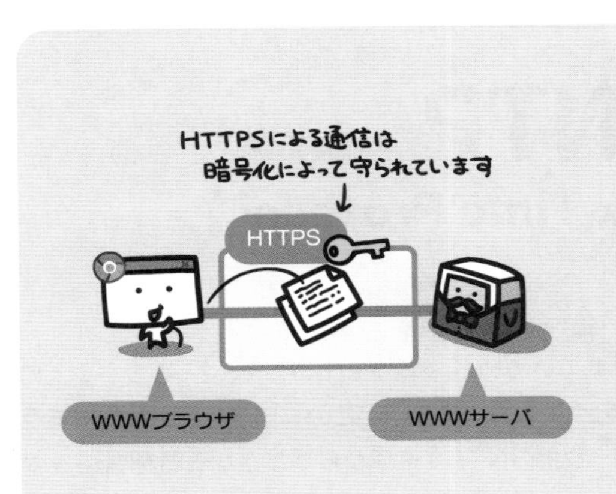

WWWサービスでサーバとのやり取りに使われるプロトコルがHTTP。これに、SSLによる暗号化通信を追加したプロトコルがHTTPSです。
https://ではじまるURLのページは、HTTPSによる暗号化通信が行われることを示しています。

HTTPSに対応したWWWブラウザでは、HTTPSに対応したページ上で暗号化通信を行うことができます。

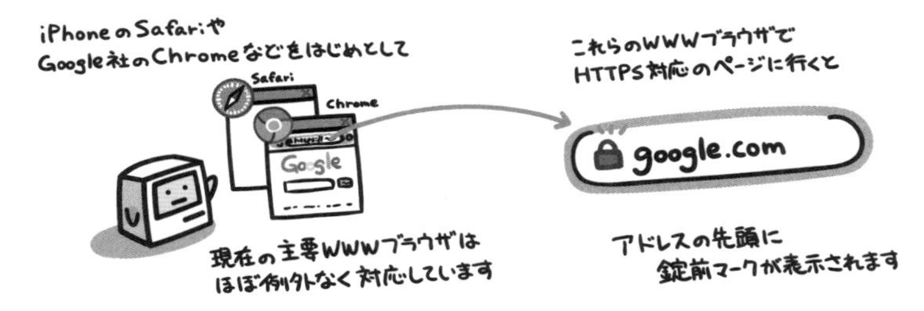

このプロトコルを使って情報を送信することで、オンラインショッピングでのクレジットカード番号や、会員登録などで入力する個人情報などの漏洩を防止することができます。

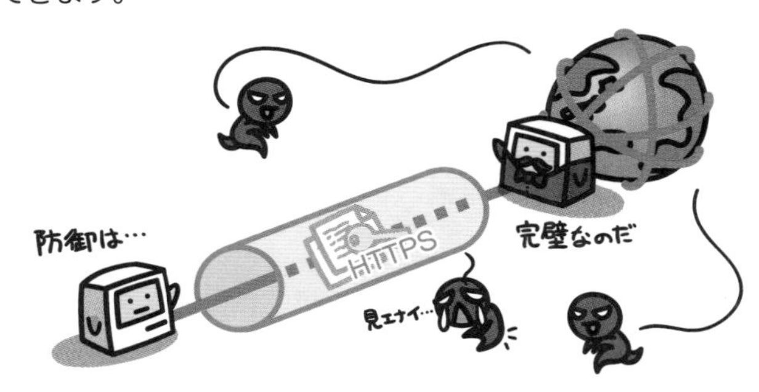

NTP
エヌティーピー

(Network Time Protocol)

インターネットで標準的に用いられている時刻情報プロトコルで、ネットワーク上にあるコンピュータの時刻を同期させるために使用します。このプロトコルを利用するクライアントコンピュータは、ネットワーク上のNTPサーバから基準となる時刻情報を受け取り、その情報をもとに内部時計を修正します。

NTPサーバは階層構造となっており、もっとも正確な時刻情報を持つ最上位のNTPサーバを「Stratum 1」と呼びます。このサーバは原子時計やGPSといった正確な時刻情報と同期して常に自分の内部時計を修正します。その下層には「Stratum 2」というNTPサーバがぶら下がり、以後「Stratum 3、4…」と計15階層まで階層化させることができます。このような構成であるため、下の階層になるほど精度は低くなることになります。

ネットワークを使った通信であるために、途中経路の性質によってパケットの到達に要する時間は様々です。NTPではこのような通信時間に関しても織り込み済みとなっており、サーバとの通信時間とそのばらつきを考慮した上で、時刻同期の頻度を修正するなどして、精度を保つようにしています。

インターネットへの常時接続が普及しつつあることに関係してか、Microsoft社のOSにはNTPクライアントの機能が標準で実装されるようになっており、コンピュータの時刻情報を定期的に修正しています。

8

関連用語

ネットワークプロトコル …… 34
インターネット(the Internet) …… 168

NTPとは、インターネットで標準的に用いられている時刻情報プロトコルです。
ネットワーク上にある、コンピュータの時刻を同期させるために使用します。

クライアントは、ネットワーク上のNTPサーバから、基準となる時刻情報を受け取って、それをもとに内部時計を修正します。

NTPサーバは階層構造となっており、頂点となる「Stratum 1」から順に、「Stratum 2、3…」と15階層まで階層化することができます。

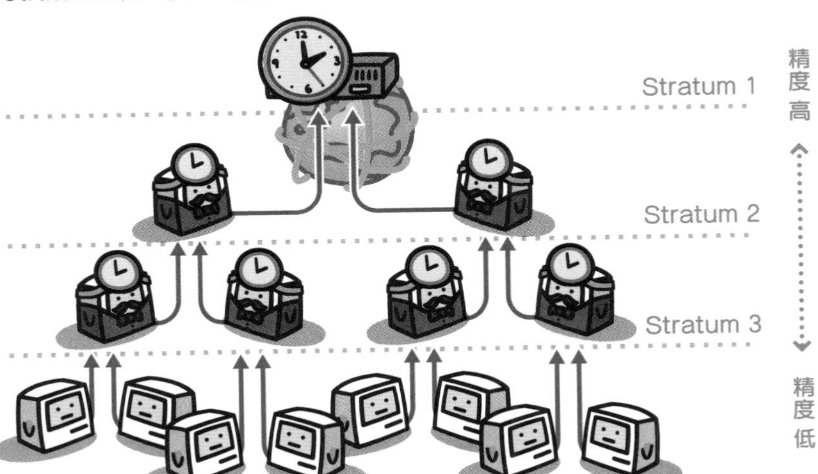

MIME（マイム）
(Multipurpose Internet Mail Extensions)

インターネットメールでは、本来はASCII文字しか扱うことができません。これを拡張して日本語のような2バイト文字の取り扱いや、電子メール本文へのファイル添付を可能とする規格がMIMEです。

MIMEの基本的な動作は、電子メール本文を複数のパートに分け、そこへASCII文字に変換したバイナリデータを格納するというものです。各パートには「Content-Type」などの各種ヘッダ情報を付加して、データの中身を識別できるようにしています。このContent-Typeにはtextやimage、audioなど様々な種別を指定することができます(この種別をMIMEタイプと呼びます)。

データをASCII文字へ変換する方法には、Base64やuuencode、Quoted Printableなどがあります。主に使われるのはBase64で、実際に何を用いて変換したかという情報は、前述のヘッダ情報にこれも記述されています。これらの情報を参照して、受信側はもとのデータへの復元を行うわけです。

古い電子メールソフトを利用した場合、受信した電子メールの本文に、だらだらと意味不明な文字列が続くことがあります。これは、そのソフトウェアがMIMEの規格に対応していないからで、そこに羅列された意味不明な文字列こそが、ASCII文字に変換されたデータなわけです。

MIMEが現在ほど一般的でなかった頃は、このような現象は珍しくありませんでした。この場合電子メールソフトに復元を任せることができないため、添付ファイルについては別の専用ツールを使って手作業で復元する、などとする必要がありました。

関連用語

インターネット(the Internet)……168　電子メール(e-mail)……184

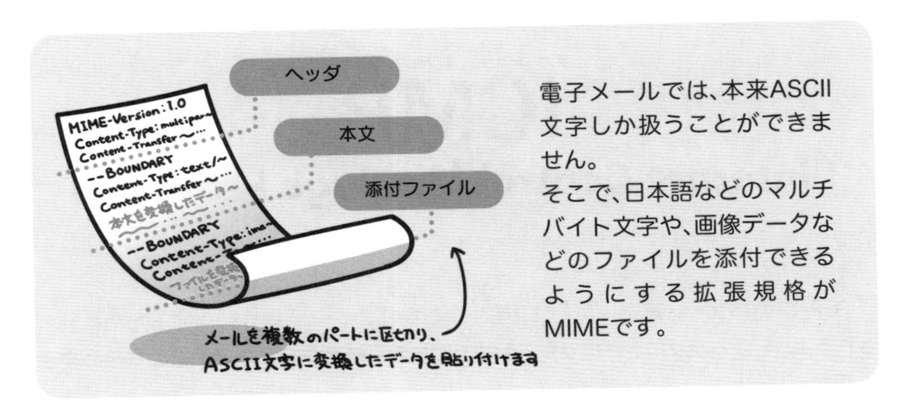

ASCII文字しか扱えない電子メールのために、MIMEではデータをASCII文字へ変換して本文へ貼り付けます。

ただしそのままでは本来の文と区別がつかなくなるので、メールをパートごとに分けて、どんなデータなのか種別を記します。

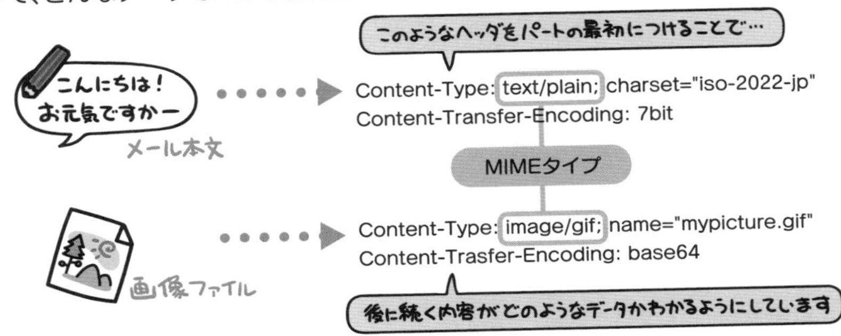

受け取った側では、記された種別をもとに、各パートを復元して参照することになります。

このMIMEに、暗号化や電子署名の機能を加えた規格としてS/MIMEがあります。

ICMP
(Internet Control Message Protocol)

TCP/IPのパケット転送において、発生した各種エラー情報を報告するために利用されるネットワークプロトコルです。通信中にエラーが発生した場合は、エラーの発生場所からパケットの送信元に対して、ICMPによってエラー情報が逆送されます。途中経路の機器は、この報告によってネットワークに発生した障害を知ることができるのです。

このICMPを利用したネットワーク検査コマンドとして有名なのが、pingとtracerouteです。

pingはネットワークの疎通を確認するためのコマンドです。具体的には、確認したいコンピュータに対してIPパケットを発行し、そのパケットが正しく届いて返答が行われることを確認します。このコマンドが正常に実行されることで、パケットが無事に届けられることがわかり、ネットワークの疎通を確認することができるわけです。また、この際には到達時間も表示されるため、簡単なネットワーク性能チェックにも利用できます。

tracerouteはネットワークの経路を調査するためのコマンドです。目的のコンピュータに到達するまでの間に、どのようなルータを経由して辿り着くのかといった情報をリスト表示することができます。たとえばpingが正常に終了しなかった場合、このコマンドによって経路上で不良を起こしている箇所を見つけ出すことができます。また、経路上に存在する各ルータからのレスポンスを計ることができますので、ネットワーク上のボトルネック（経路上で通信速度の出ない要因となっている個所）を調査することも可能です。

関連用語

ネットワークプロトコル……34
IP(Internet Protocol)……40
TCP/IP……38
パケット……46
ルータ……120

ICMPとは、TCP/IPのパケット転送において、発生した各種のエラーを報告するために利用されるプロトコルです。
通信エラー発生時には、その発生場所からICMPを使ってエラー情報が逆送されてきます。

ネットワークに障害が発生した場合、ICMPでエラー情報が逆送されてくることにより、発生した障害内容を知ることができます。

このICMPを利用したネットワーク検査コマンドとして、以下の2つが有名です。

ping

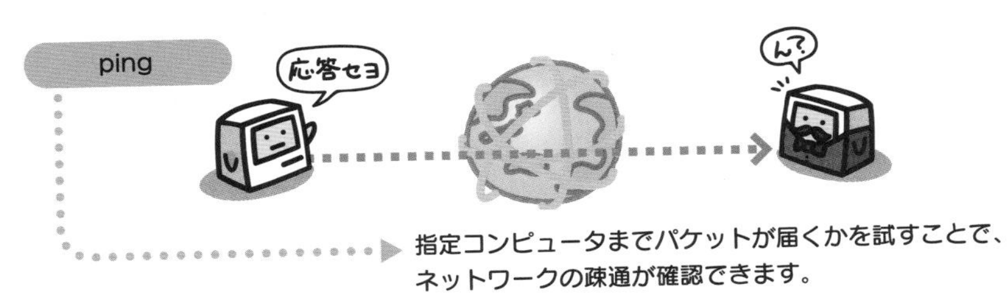

指定コンピュータまでパケットが届くかを試すことで、ネットワークの疎通が確認できます。

traceroute

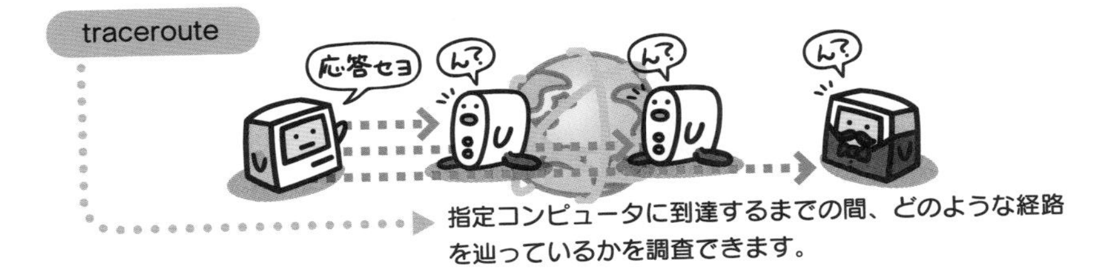

指定コンピュータに到達するまでの間、どのような経路を辿っているかを調査できます。

HTML（Hyper Text Markup Language）

エイチティー エム エル

インターネットで広く利用されている、WWW用のドキュメントを記述するために用いる言語です。ドキュメント内にリンクを設定することで、ドキュメント同士を相互に連結させることができます。このような特徴を持つテキストをハイパーテキストと呼び、HTMLという名前はここから来ています。

HTMLで記述されたドキュメントは、内容的には単なるテキストファイルに過ぎません。しかし、HTMLにはタグという予約語がいくつか決められており、そのタグによってドキュメントの論理構造や見栄えなどが指定できるようになっています。

この時、指定した内容をどのように表示するかは、WWWブラウザの役割です。そのため、使用するWWWブラウザによって見栄えに違いが出てしまうといった問題があります。

当初は文書構造を表現することに重きを置かれていたHTMLですが、WWWの一般化に伴い、爆発的に増えた技術者以外のユーザとそのニーズに応える形で、見栄えを含む様々な拡張が行われていきました。現在は当初の文書構造を表す言語としての役目に立ち返り、見栄えの表現にはCSSを用いるように役割分担がなされています。

こうしたHTMLの拡張は、W3C（World Wide Web Consortium）という非営利団体により管理されています。

関連用語

インターネット（the Internet）……168
WWW（World Wide Web）……174
Webサイト……176
WWWブラウザ……178
ホームページ……180
HTTP（HyperText Transfer Protocol）……198
CSS（Cascading Style Sheets）……222

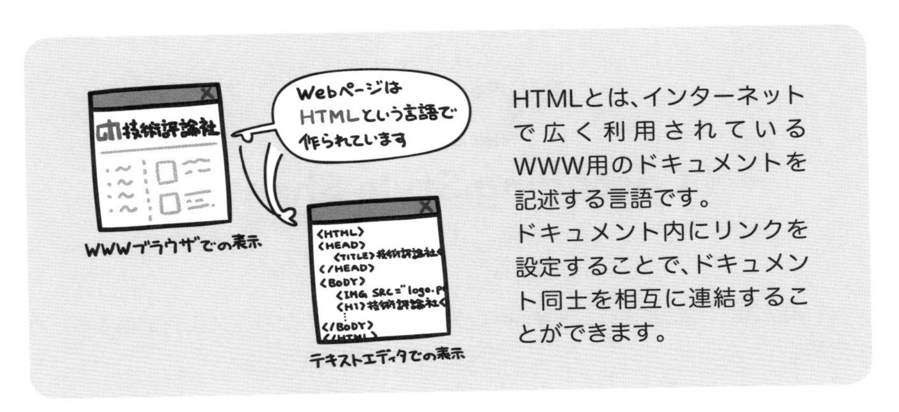

HTMLとは、インターネットで広く利用されているWWW用のドキュメントを記述する言語です。
ドキュメント内にリンクを設定することで、ドキュメント同士を相互に連結することができます。

「言語」というのは何かというと、ある法則にのっとった書式という意味。つまりHTMLという名前で決められた書式があるわけです。

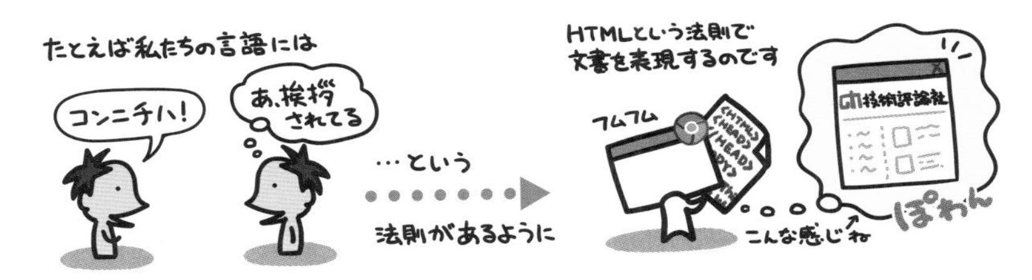

HTMLの書式は、タグと呼ばれる予約語をテキストファイル内に埋め込むことで、文書の見映えや論理構造を指定するようになっています。

アンカーというタグでは、他の文書へリンクを設定することができます。そうすることで、文書同士を連結できるという大きな特徴を持ちます。

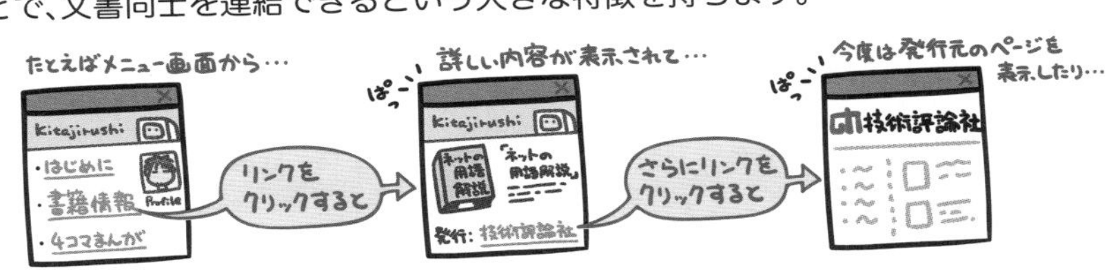

CSS（Cascading Style Sheets）

シーエスエス

HTMLによって記述されたドキュメントの、レイアウトなど見栄えを定義するための言語です。

インターネットの普及に伴い、WWWに対してはより見栄えを向上させるための表現が求められてきました。HTMLの言語仕様もそれに準ずる形で拡張を続け、視覚的な効果を上げるためのタグが多数追加されることになります。しかし、これによって本来のHTMLが持っていた「文書の論理構造を記述する」という目的が薄れ、拡張内容もWWWブラウザごとに表示結果が異なるなど、様々な弊害が生まれることにもつながりました。

CSSは、従来HTML内で指定していた、レイアウトなどの視覚的な表現に関する部分を代替する言語です。これによって文書とレイアウトの定義が完全に分離され、HTMLは本来の「文書の論理構造を記述する」ための言語に立ち返ることができたわけです。

CSSではフォントや色、背景など様々な属性を指定することができます。この内容はHTML内に埋め込むこともできますが、本来の目的が「HTMLからレイアウト定義を分離させる」ことであるために、外部ファイルに定義を記述して、HTML内にはそのリンクを埋め込む方法が一般的です。

現在はHTMLが文書構造を、CSSが表現方法を、スクリプト言語が動的変化を与える方向で、3者の担当分けが成されています。

関連用語

インターネット(the Internet)……168
WWW(World Wide Web)……174
Webサイト……176
WWWブラウザ……178
ホームページ……180
HTML(Hyper Text Markup Lnguage)……220
JavaScript……224

CSSとは、HTMLによって記述されたドキュメントの、レイアウトなど見映えを定義するための言語です。
HTMLを「文書構造を定義する言語」という本来の目的に立ち返らせるために登場しました。

CSSは従来HTMLで行っていた見映え指定(フォントサイズやレイアウト、色指定など)を代替するとともに、より高度な表現を可能にする言語です。

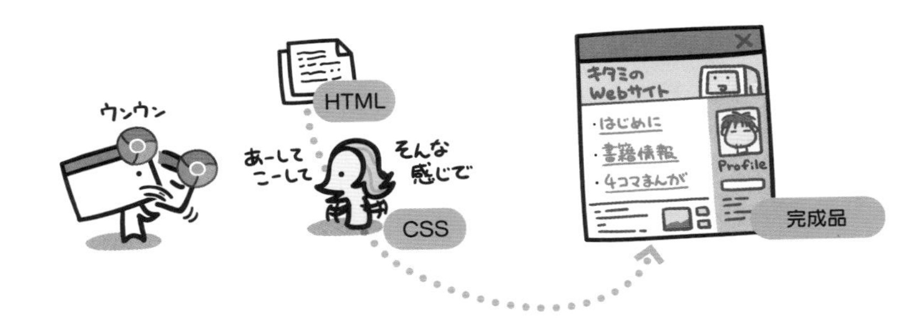

視覚的な表現に関する部分をCSSに切り分けることで、同じHTML文書でも、様々な表現形態に切り替えることが可能となります。

<ruby>JavaScript<rt>ジャバ スクリプト</rt></ruby>

旧Netscape Communicasions社が、同社のWebブラウザNetscape Navigator 2.0ではじめて実装したスクリプト言語のことです。Sun Microsystems社のJava言語に似た名称ですが、若干文法に似た点がある他は両者に互換性はなく、まったくの別物です。

1997年にヨーロッパの標準団体であるECMAによって標準化が行われ、その仕様は「ECMAScript」として定められました。現在では多くのWebブラウザがこれをサポートする他、OSやアプリケーション上で自動処理を行うための仕掛けとして、このJavaScriptや類似のスクリプト言語を実装するケースも多く見られます。

JavaScriptの主な用途は、印刷物と同じく静的なページでしかなかったWebサイトに、動的なメニュー操作や入力チェックといった動きや対話性を付加することです。スクリプト言語は「簡易的なプログラミング言語」と称されることも多く、記述したプログラムを複雑な手順なしで実行できるところに特徴があります。JavaScriptもそれに習い、HTMLファイル内に直接プログラムを記述して、Webサイトに様々な動的効果を付加することができるようになっています。

現在ではWebブラウザ間での互換性も高く、Webサイト構築には欠かせない存在となったJavaScriptですが、高機能であるが故に用法次第では悪意のあるWebページを生成できる可能性もあるなど、注意すべき点もないわけではありません。

関連用語

インターネット(the Internet) …… 168
WWW(World Wide Web) …… 174
WWWブラウザ …… 178
HTML(Hyper Text Markup Lnguage) …… 220
CSS(Cascading Style Sheets) …… 222

JavaScriptは、スクリプト言語の一種。多くのWWWブラウザに実装されているものです。
この言語を用いてHTMLファイル内にプログラムを記述することで、Webサイトへ動的な効果を与えることができます。

HTMLファイル内に直接記述されたプログラムは、JavaScriptを解釈することのできるWWWブラウザによって、その場で「こう実行するんだな」と翻訳されながら動作することになります。

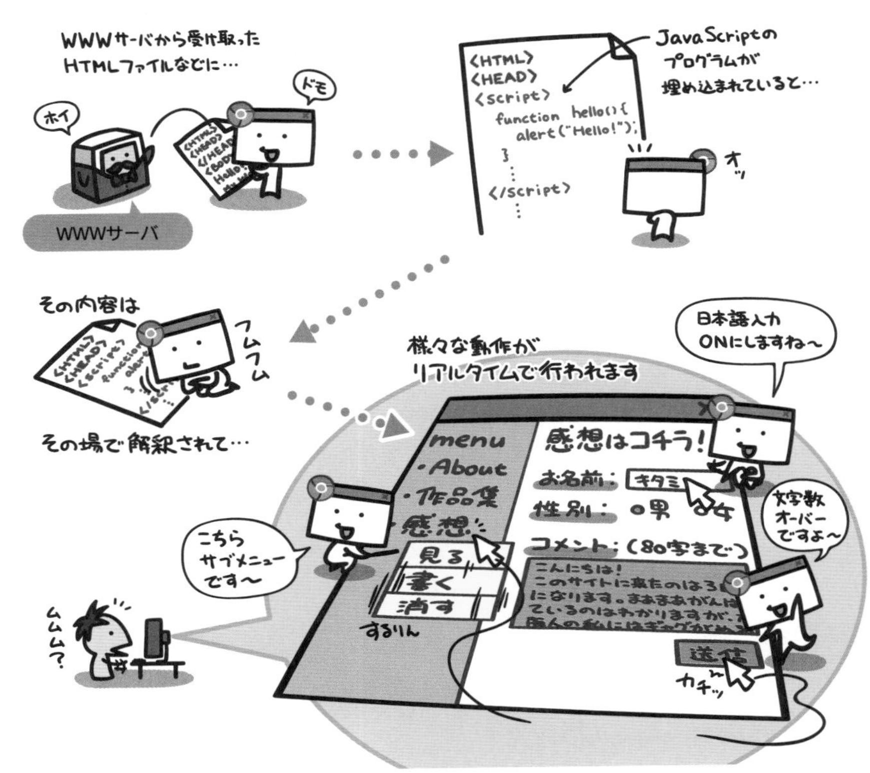

シー エム エス
CMS
(Contents Management System)

CMSとは、Webサイトを構成するコンテンツ(文章や画像、音楽データなど様々)の作成と管理、そして配信の手助けをするシステムの総称です。コンテンツマネジメントシステムやコンテンツ管理システムとも呼ばれます。

もっとも原始的なWebサイトの構築では、HTMLファイルをテキストエディタで作成し、掲載用の画像データは画像編集ツールを使って適切なフォーマットに変換し、それらをまとめてFTPクライアントソフトによりサーバへアップロードする……といったものが一般的でした。作成者にはそれらのツールを使いこなすための知識と、サーバ上でどのようなディレクトリ構造によって管理するかという知見も求められました。

これらの作業を一括して管理できるようにしたものがCMSです。

CMSは、その目的や用いる規模によって様々なものがありますが、身近な代表例でいえばブログ作成ツールと呼ばれるWordPressやMovableTypeなどが該当します。

これらのツールは、Webページを作成するためのエディタ機能、画像データなどコンテンツを形成するためのファイルアップロード機能、コンテンツファイル群の管理、コンテンツの公開状態操作(公開・非公開の切替や、公開予約など)、全体デザインの統括、コメントやトラックバック機能などを有し、それらをWeb上の管理画面からアクセスして操作が完結できるよう構成されています。つまり、Webサイトコンテンツの構築と運用のために必要な機能がワンパッケージ化されたWebシステムというわけです。

CMSの利用下では、Webページの作成者は「どのようなコンテンツを作るか」という点にのみ集中して、サイト運営を行うことができます。

関連用語

ブログ(Blog) …… 192
WWW(World Wide Web) …… 174
HTML(Hyper Text Markup Lnguage) …… 220
FTP(File Transfer Protocol) …… 208
Webサイト …… 176

CMSはコンテンツ管理(マネジメント)システムの略。Webサイトを構築・運用するために必要なツール群がパッケージ化されたWebシステムで、ブログ作成ツールなどでも用いられています。

旧来のWebサイト構築方法では、コンテンツとサイトの構成が密接に結びついています。作成には専門的な知識を必要とし、その構成を後から柔軟に変更することもできません。

CMS利用下では、コンテンツの入力と管理、そしてWebサイトとして見せる部分の処理に至るまでシステムが面倒を見てくれます。

作成者は「どのようなコンテンツを作るか」という中身の部分だけを考えれば良いため、Webサイトの更新に要する時間を劇的に削減することができます。

Cookie（クッキー）

WWWブラウザとWWWサーバ間において、暗黙の情報交換を行うための仕組みです。旧Netscape Communications社によって開発され、現在は様々なWWWブラウザが対応しています。

CookieはWWWサーバからの指示によって、WWWブラウザがクライアントコンピュータ内に保存します。その内容はWebサイトのドメイン名や、Cookieの有効期限といった基本情報の他に、その処理独自の値によって構成されています。Cookieによって保存された情報は、アクセスしたURLがCookie内の情報と一致する場合、自動的にWWWサーバへと送信されます。

たとえばテレビ番組表を表示してくれるWebサイトがあったとします。はじめにユーザ登録を済ませ、その際に居住地域を指定しておく仕様とし、この時Cookieとしてそれらの情報を保存しておくことにします。そうすることで次回以降の訪問時には、このCookieにより、そのユーザの地域に合った番組表が、自動的に表示できるようになるわけです。

Cookieとはこのように、主にユーザを識別することを目的として利用するケースが多く、Webサイトをパーソナライズする用途に向いています。たとえばユーザによって色を変えてみたり、メニューの構成を変えてみたりといったことが可能です。

ただし、Cookieによって保存される情報は、一切暗号化がされていません。したがってクライアントのコンピュータ上でいくらでも改ざんができてしまうため、セキュリティに絡む情報をCookieとして保存することは非常に危険です。

関連用語

インターネット(the Internet) …… 168
WWW(World Wide Web) …… 174
WWWブラウザ …… 178
URL(Uniform Resource Locator) …… 182

Cookieとは、WWWブラウザとWWWサーバ間において暗黙の情報交換を行うための仕組みです。
Cookieを使うことで、クライアントに固有の情報を記憶させて、Webサイトをパーソナライズすることができます。

Cookieは、WWWサーバからの指示によってクライアントへ自動的に保存されるデータファイルです。

Cookieには、Webサイトのドメイン名やCookieの有効期限の他、記憶させたい独自の値が含まれています。

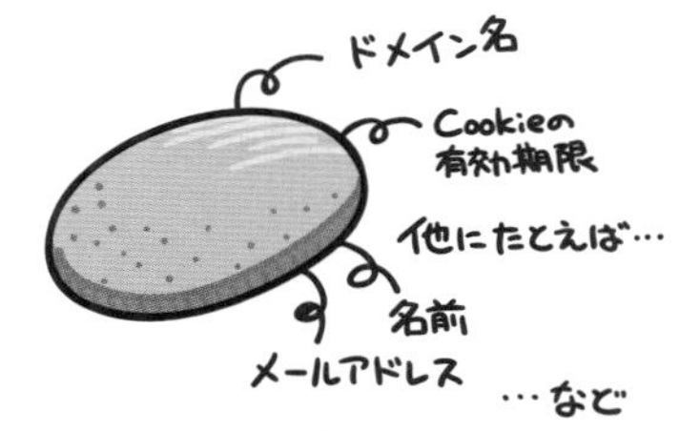

このコンピュータが再度訪問してきた際には、Cookieが自動的にWWWサーバへと返却されます。

これによって、ユーザの識別や前回の状態保持を行うことができるのです。

XML（エックス エム エル）
(eXtensible Markup Language)

HTMLと同じマークアップ言語で、タグによって文書構造を示します。「extensible（拡張可能）」の名前が示す通り、タグを独自に定義することで機能を拡張することができるという特徴を持ちます。W3C（World Wide Web Consortium）により標準化が勧告され、現在は様々なドキュメントフォーマットに対して応用されています。

XMLにはHTMLのように文書の見栄えを表現するタグは一切存在しません。XMLではタグはあくまでも文書構造を示すものであり、データの属性を表現するために用いるものです。そのため、XMLで文書の見せ方を指定する場合には、CSSなどのスタイルシート言語が必須となります。HTMLとXMLの一番大きな違いというのはこの点で、XMLはデータそのものを表現するのに特化した言語だと言えます。

たとえばXMLで住所一覧を記述するとなると、<住所><氏名><電話番号>といったタグを使用してデータを表現することになるでしょう。タグはすなわち「どのようなデータか」ということを示し、そのデータをどうのような形式で表示するかについてはスタイルシートにまかせます。このように、XMLではデータそのものを構造化して表現するため、データの再利用に向いており、複数のXMLを組み合わせて1つの文書とすることも可能なのです。

このような特徴を見ていると、XMLはHTMLというよりもデータベースにとても良く似ています。実際、企業ベースのシステム開発において、システム間のデータ連携にXMLを活用する事例も多く見られます。

8

関連用語

インターネット(the Internet) …… 168
WWW(World Wide Web) …… 174
WWWブラウザ …… 178
HTML(Hyper Text Markup Lnguage) …… 220
CSS(Cascading Style Sheets) …… 222

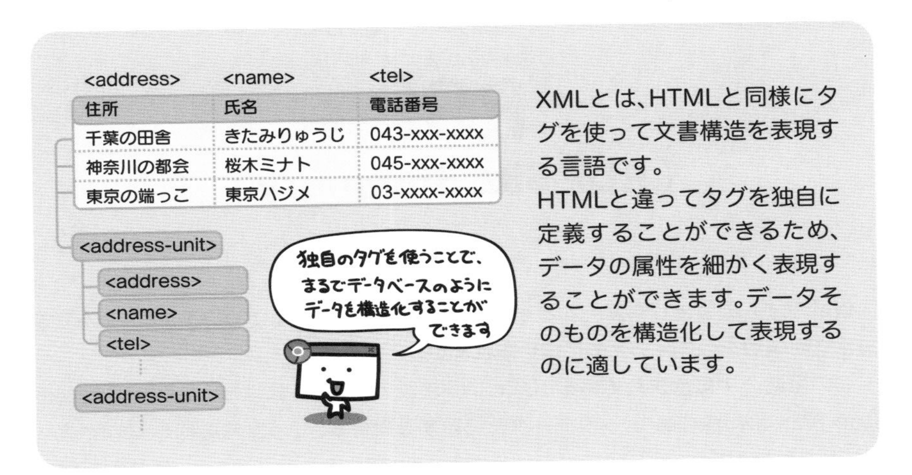

XMLとは、HTMLと同様にタグを使って文書構造を表現する言語です。
HTMLと違ってタグを独自に定義することができるため、データの属性を細かく表現することができます。データそのものを構造化して表現するのに適しています。

XMLはデータそのものを表現するために用いるため、表示方法に関してはCSSなどのスタイルシート言語が必須となります。

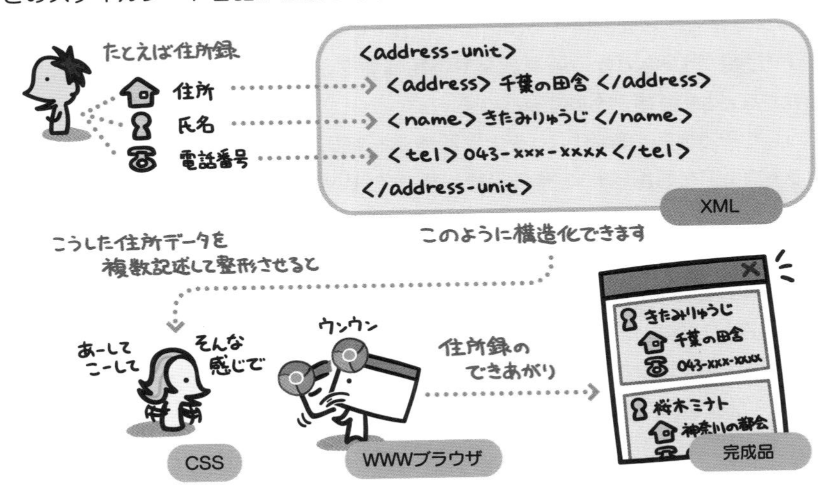

その汎用性の高さから、企業ベースのシステム開発において、システム間のデータ連携に活用するなど、広い範囲でXMLが用いられています。

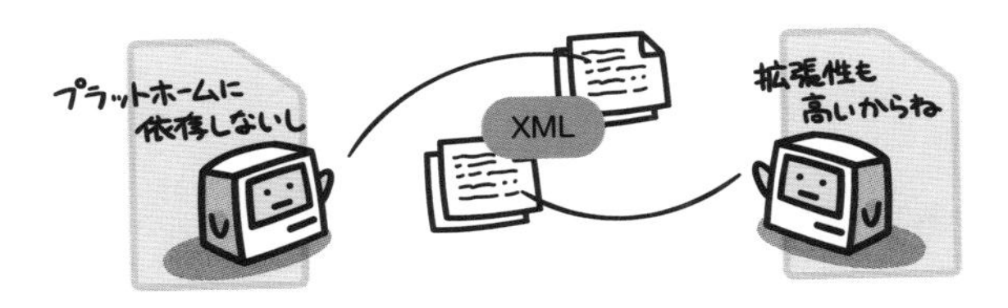

アールエスエス
RSS
(RDF Site Summary)

Webサイトの見出しや要約などを簡単にまとめ、配信するためのフォーマットです。主に更新情報を公開するために用いられます。

この用語の中に含まれているRDFという言葉ですが、これはResource Description Frameworkの略で、メタデータを記述する枠組みという意味を持ちます。つまりは「どんな情報を」「どんな形で記述しますよ」と取り決めたものです。これを利用することによって、WWWを介したアプリケーションソフト同士のデータ交換を可能としているわけです。

ブログの更新情報を配信するために使われているのが一般的ですが、ニュースサイトやTV番組サイトなどから新着記事や番組情報を配信したり、企業が製品情報を配信したりなどという事例も多く見られます。

こうしたRSS情報を取得して、その更新情報を参照するには、RSSリーダーと呼ばれるソフトウェアを利用します。その形態は様々で、WWWブラウザに組み込まれているものや、OSのデスクトップ上に常駐するもの、専用のWebサイトに一覧としてリストアップするものなどがあります。

ただしRSSは完全に統一された規格……というわけではなく、名称の異なる複数の規格が混在しています。日本においてはRSS 1.0 (RDF Site Summary) が普及していますが、それとは異なる系列としてRSS 2.0 (Really Simple Syndication) があります。これらは互いに互換性を持たず、事実上分裂してしまっている状態です。

8

関連用語

インターネット(the Internet)……168
WWW(World Wide Web)……174
ブログ(Blog)……192
Webサイト……176
WWWブラウザ……178
ホームページ……180

RSSとは、Webサイトの見出しや要約を配信するためのフォーマット。
主に更新情報を公開するために用いられます。

RSSには、次のような情報が含まれています。

RSSリーダーと呼ばれるソフトウェアに、RSS対応のWebサイトを登録すると…

RSSリーダー

RSSリーダーはそれらのサイトを定期的に巡回して…

取得したRSSの情報をもとに、更新情報を通知します。

Dynamic DNS

ダイナミック　ディーエヌエス

DNSの所持しているデータベース情報に変更があった時に、即座に通知したり、変更箇所のみを転送したりといった機能を持つDNSのことです。

通常のDNSでは、内容に変更があった場合でも、事前に決めた一定時間が経過しないと下位のサーバに通知されませんでした。そのため、変更が世界的に反映されるのにはおよそ3日程度の時間を要していました。Dynamic DNSでは変更が即座に通知されるため、このように時間がかかるということがありません。

現在はこのDynamic DNSを用いた、サブドメインの無料発行サービスも多く見られるようになっています。

ADSLや光ファイバ接続など、常時接続回線によるインターネット接続は、形式上は専用線接続のような利用法ができることになります。つまり、本来であればサーバを構築してインターネットに公開することができるわけです。しかし、ADSLでは接続の度にIPアドレスが変化してしまうため、外部の利用者からは、どのアドレスにアクセスすれば良いかがわかりません。

そこでDynamic DNSが活用されるわけです。

Dynamic DNSを利用すると、IPアドレスの変更が常に反映された状態となります。したがってドメイン名が固定でさえあれば、利用者はIPアドレスの変化を意識せずに外部からアクセスできるというわけです。

関連用語

IPアドレス……50
ドメイン……56
DNS(Domain Name System)……144
専用線……94
ADSL……102
インターネット(the Internet)……168

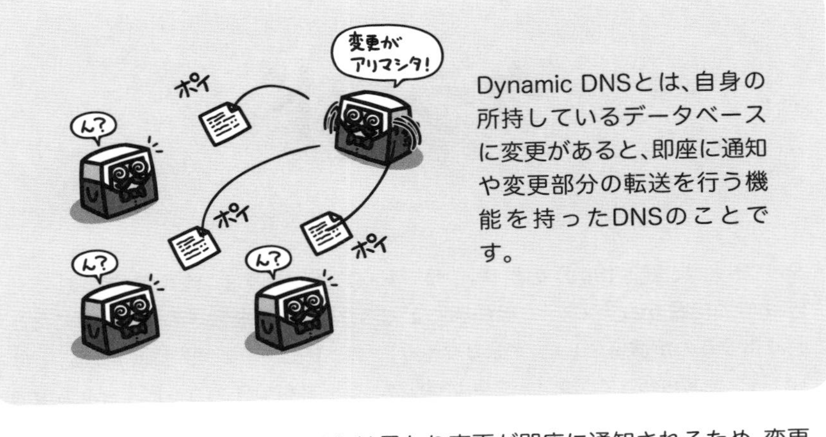

Dynamic DNSとは、自身の所持しているデータベースに変更があると、即座に通知や変更部分の転送を行う機能を持ったDNSのことです。

Dynamic DNSでは、通常のDNSとは異なり変更が即座に通知されるため、変更内容が世界的に反映されるまで時間を要しません。

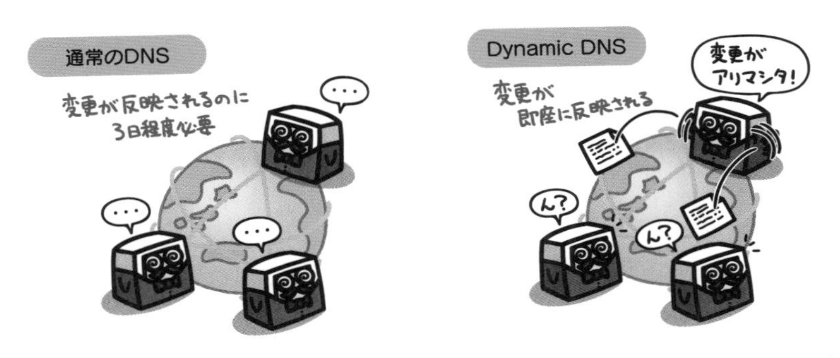

この機能を利用したサブドメインの発行サービスを利用すると、ADSLのようにIPアドレスが変化する環境でも、固定のドメイン名を使って外部からアクセスさせることができるようになります。

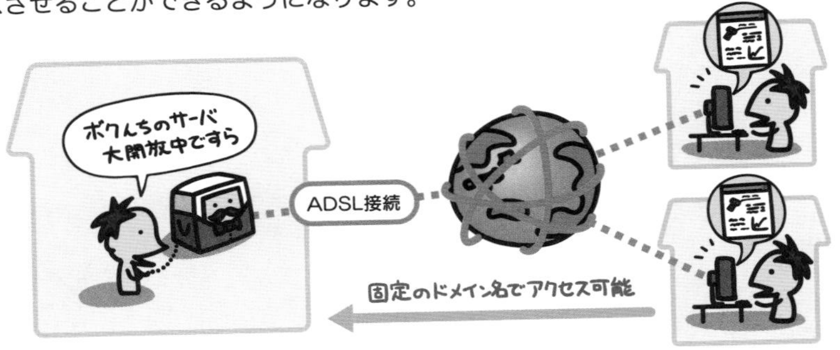

クラウド

クラウドとは、雲（cloud）の意味。クラウド・コンピューティングの略称です。

IT業界では昔から、システム構成図などでネットワークを書き表す際、雲にたとえて図式化するのが慣例でした。つまりクラウド・コンピューティングが示す「雲」とはネットワークをあらわしています。データやソフトウェアを手元のコンピュータの中ではなく雲（ネットワーク、ここでは特にインターネットを指す）の向こう側にあるサーバ群で管理し、ユーザは必要に応じてこれにアクセスして利用する。そうしたサービス形態を示すものです。

身近な例で言えば、Google社が提供するWebメールサービス（GMail）や、DropBox社に代表されるオンラインストレージサービス（インターネット上のHDD空間を任意に共有し、どの端末からでも使えるようにしたサービス）などがあります。単純に言ってしまえば、「色んな端末からインターネット経由でアクセスしてサービスが受けられるようにしたもの」……という理解で良いでしょう。

このようなクラウド型のサービスにおいて、ユーザが利用するために必要となるものは最低限の接続環境だけです。したがって導入コストも低くおさえられますし、データ管理やバックアップは基本的にサービス提供側任せ。自社で管理するよりもコストダウンを図ることができます。

8

関連用語

インターネット（the Internet）……168
WWW（World Wide Web）……174
WWWブラウザ……178

「クラウドとは、インターネットを「雲(cloud)」と比喩表現したもの。
ネットの向こう側を意識せずにサービスを利用することができる、クラウド・コンピューティングの略称です。

クラウド・コンピューティングの世界では、利用者は特定のハードウェアやソフトウェアではなく、サービスそのものに対して使用料を支払います。

ネットにつながる環境さえ用意できれば使用できるため、初期導入コストが低くおさえられるのと…

データの保守や、システムの維持管理までお任せで済むというあたりが利点です。

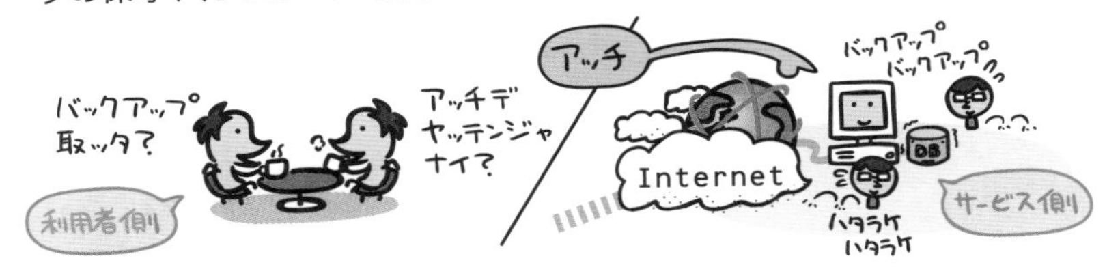

column

僕の電子財布はいつも億万長者だった

インターネットが商用利用されはじめて注目度華やかなりし頃、あちこちで実証実験の名の下さまざまな規格が誕生しては消えて行ったのが「電子現金（マネー）」です。昨今盛り上がっているビットコインをはじめとした仮想通貨みたいなものではなくて、もっと原始的な、あくまでも決済手段を代替するためのもの。今で言うならSuicaなどが近いです。

さて、この電子現金の実証実験に自分もお仕事として関わっていた時期があります。どこぞのえらい人がおったてた理屈を元に、それを仮システムとして作って動くようにして、実運用時の問題点を検証するぞっていう感じ。僕は入社一年目のペーペーでまだ何もわかってなくて、全面的に先輩にお世話になりながら、そのシステムのクライアント側のソフトウェアをちみちみと作り上げていました。

まあシステムとしては、ユーザーを作って、口座を管理するところがあって、その残高がどんな状況下でも齟齬が生まれないようにとあれこれ工夫するわけなんですけど、いっつも僕の口座って、億以上のお金が眠ってたんですよね。億万長者ですよ。その唸るような金をつかって、ネット上の架空店舗で架空のソフトウェアを大人買いしては「わっはっはっ余は金持ちであるぞわっはっはっ」とかやってました。夜中の2時3時に。アホですよね。

この時、そういうアホだったので、今ひとつわかってなかったんですけど、クライアントからサーバを叩いて通信路を開けて、通信用の鍵をやり取りして、リクエスト出してレスポンスもらって……としていたあの流れ。考えてみたら、そういう専用の暗号化通信プロトコルを1から作ってたわけですよね。

実際にその後、一部のサービスで利用されていたみたいですが、あれ、なんてプロトコル名にしたんだったかな。今となっては、すべて忘却の彼方で思い出せそうにありません。

9章

モバイルネットワーク編

携帯電話（Cellular Phone）

セルラーフォン

携帯電話とは携帯して持ち歩ける電話機のこと。各地に設置したアンテナ基地局と電話機とが無線通信を行うことで、移動しながらの電話サービスを実現しています。

その特徴は、英語名称である「Cellular Phone（セルラーフォン）」という言葉に象徴されています。

セルとは「細胞」や「ハチの巣穴」という意味を持ちます。携帯電話の通信は、有線ネットワークに接続された基地局と通信することで行われますが、基地局の電波が届く範囲には限界があります。この「単一基地局で電波の届く範囲」をひとつの「セル」と見なし、セルを多数組み合わせることで、広範囲のサービスエリアを実現する。これをセルラーシステムと言います。つまり、このようなセルラーシステムを用いて通話する電話なので「セルラーフォン」という名前になるわけです。小さなエリアが集まって広いエリアを形成する図は、まさしく「ハチの巣穴(セル)」が集まって形成されるハチの巣を想像するとわかり易いでしょう。

携帯電話の歴史は、現在までのところ約5世代に分けることができます。

第1世代（1G）はアナログ方式で、ノイズがのりやすく盗聴も容易などの問題がありました。第2世代（2G）では通信のデジタル化や、電話機の小型・軽量化が進みました。

第3世代（3G）は、日本国内で広く利用された携帯電話サービスです。新しいデジタル通信方式を採用することで、高品質の通話サービスと高速なデータ通信を実現し、現在もLTEなど4Gサービスの電波が届かない範囲において変わらず利用されています。

この3GをさらにOT高速化させたものがLTE(Long Term Evolution)です。3Gを長期的に進化させて次の世代の4G回線へと橋渡しするものでしたが、現在はこのLTE以降のサービスを4Gとして呼称しています。

最後に5G。2020年の導入を目指して現在整備を進めています。5Gでは、4G比で通信速度は20倍、通信遅延は10分の1、同時接続数は10倍になると言われています。

関連用語

マクロセル方式……246
ハンドオーバー……250
ローミング……252
パケット通信……254

「携帯して持ち歩くことのできる電話機」だから携帯電話。
各地にあるアンテナ基地局と無線通信を行うことで、移動しながらの電話サービスを実現しています。

「携帯電話」とは、英語でいうと「Cellular Phone(セルラーフォン)」。

「セル」というのは、細胞とかハチの巣穴という意味で、それが転じて「いっこのアンテナ基地局でカバーできる電波の範囲」という意味を持ちます。

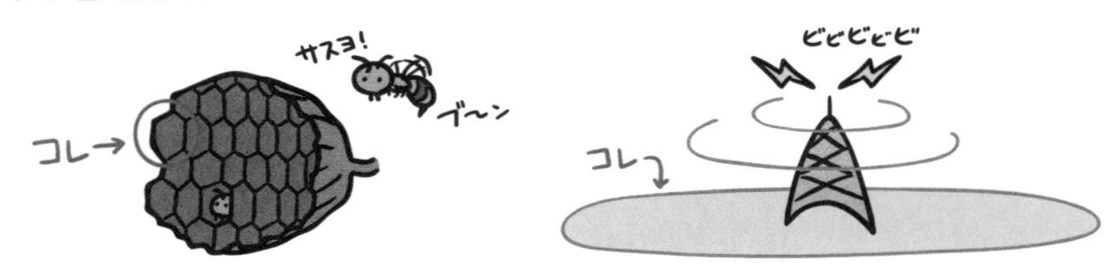

なんでかというと、電波の届く範囲を複数密集させて全体を網羅する様が、ハチの巣穴とか細胞とかに似てるから。

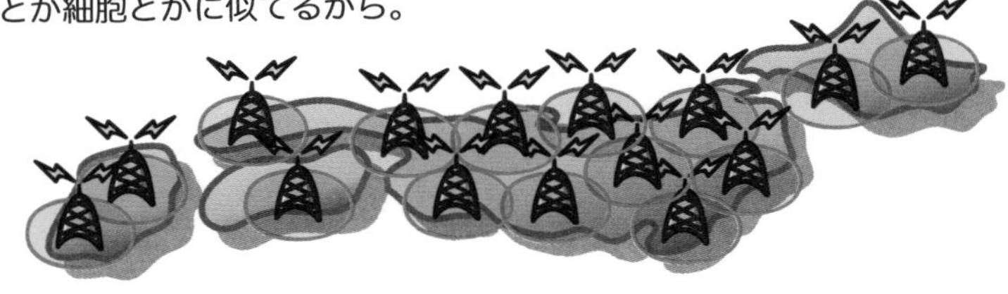

こうしたセルを渡り歩きながら通信することで、移動しながらの電話サービスが実現できているのです。

9

ピーエイチエス
PHS
(Personal Handyphone System)

PHSとはPersonal Handyphone Systemの略。当初は「第2世代デジタルコードレス電話」「簡易型携帯電話」とも言われ、「自宅にあるコードレス電話の子機を、そのまま外に持ち出して使えるようにできないか」が発想の原点でした。

法令上は携帯電話とはっきり区別されていますが、「携帯して持ち歩くことのできる電話機」という意味では類似点が多く、そのため携帯電話の一種という見方が主流です。

PHSの特徴は、基地局を簡素化して各種コストを抑えたところにあります。基地局は屋内でも設置可能な小型の簡易基地局を利用します。この基地局が出す電波は非常に弱いもので済むため、携帯電話基地局のように大がかりな設備を必要としません。電話機自体の電波出力も小さく、そのため機器の小型化が容易で、安価に製造することが可能です。

一方、電波が微弱であるがためにひとつの基地局でカバーできる範囲は狭く、数10km単位で基地局を設置すればよい携帯電話と違って、100m～500m程度の間隔で密に基地局を設置する必要がありました。しかし、サービスイン当初はその密度が足りておらず、また移動中に基地局と基地局とを切り替えるハンドオーバー処理も不得手であったがために、「PHS＝つながらない、切れやすい」という悪評を生むことになりました。

近年ではそうした欠点はほぼ解消されていましたが、通信事業者の撤退も進み、最後に残った個人向けサービスも2020年には完全終了することが決まっています。法人向けや医療機関などで一部利用が続いているものの、それも少しずつスマートフォンに置き換わりつつあります。

関連用語

携帯電話 (Cellular Phone) 240
マイクロセル方式 248
ハンドオーバー 250

PHSとは、「Personal Handy-phone System」の略。簡易型携帯電話とも言われます。
自宅のコードレス電話子機を、そのまま外に持ち出して使えないか…が発想の原点でした。

PHSの利点は、設備を簡素化して各種コストが抑えられることにあります。

でも電波が弱い分、初期のものは移動中に切れやすくて…

「PHS =切れやすい・つながらない」との評価になっちゃったのでした。

スマートフォン

スマートフォンの「スマート(smart)」とは、「頭の良い、知的な」という意味。したがって直訳すると「賢い電話」という意味になります。その言葉が示す通り、単なる電話ではなく、賢い……つまりは小型の携帯用コンピュータに、電話としての機能を持たせたものがその正体です。日本国内においてはスマホなどと略され、携帯電話の一形態として普及しています。

スマートフォンとされる要件に正確な定義は特にありません。一般に受け止められている姿としては、大型の液晶画面を持ち、タッチパネルで操作可能な高機能端末というものです。その多くは、インターネットの閲覧やメールのやり取り、ビデオや音楽の再生、内蔵カメラによる写真や動画撮影など、多種多様な機能を有しています。

これらの多彩な機能を制御するため、スマートフォンには独自のOS（オペレーティングシステム）が搭載されています。現在この分野では、Apple社のiPhoneに採用されているiOSと、Google社が提供しているAndroid OSがシェアを二分しています。これらOSは、アプリケーションを動作させるためのプラットホームでもあるため、ユーザは各々のOSに対応したアプリケーションをインストールすることで、スマートフォンの機能を自由に拡張することができます。

9

関連用語

携帯電話（Cellular Phone）……240
インターネット(the Internet)……168
WWW(World Wide Web)……174
電子メール(e-mail)……184
Webサイト……176
ホームページ……180

携帯用の小型コンピュータに、電話機能を持たせたものがスマートフォン。明確な定義はありませんが、Apple社のiPhoneや、Google社製OSのAndroidを採用したものが代表的です。

一般に受け止められているスマートフォンの特徴としては、次のようなものが挙げられます。

Apple社のiPhone、Google社のAndroidともに、専用のアプリケーションストアが用意されており、ユーザは自由に機能拡張することができます。

マクロセル方式

セルとは、単一の基地局でカバーできる範囲のこと。マクロセル方式とは、大出力の基地局を用いることにより、ひとつの基地局で広い範囲をカバーする方式を指します。

移動体通信の世界では、携帯電話がこの方式を採用しています。

この方式ではひとつの基地局で数kmもの範囲をカバーするため、「エリアの拡大が容易」「高速移動中の通話に強い」という特徴があります。しかし、建物等に遮られて電波の届かない範囲ができてしまったり、単一基地局で収容しなければいけない人数が多くなりすぎるなどの問題もあります。特に人口密度の高い都市部では収容人数の問題が深刻で、時には1利用者あたりの通信速度を下げるなどして、回線のパンクを避けなければいけません。通信速度が下がると、音声をより圧縮して送らなければならず、通話品質は自ずと劣化します。

上記の問題を解消するために、都市部ではマイクロセル方式を併用するという事業者も出てきています。その一方で、マイクロセル方式を採用するPHS事業者が、「より広範囲のエリアをカバーするため」として、一部地域でマクロセル方式を併用するという動きもあったため、単純にサービスで区分けできるものでもなくなりつつあります。

マクロセル方式では、基地局からだけでなく携帯電話機自体からも強い電波を発します。そのため、発生する電磁波によって機器が誤作動を起こすとされ、病院や飛行機の中などでは、その利用を制限されるのことが珍しくありません。

関連用語

携帯電話（Cellular Phone）……240
PHS（Personal Handyphone System）……242
マイクロセル方式……248
輻輳……258

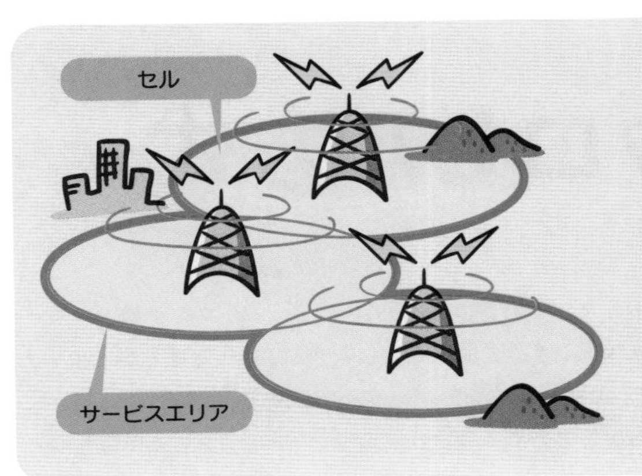

大出力のアンテナ基地局を用いて、単一の基地局で広い範囲をカバーしてしまう方式をマクロセル方式といいます。
主に携帯電話が採用しています。

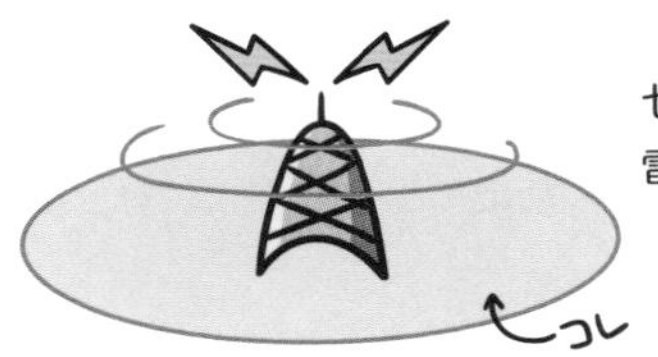

セルとは単一のアンテナ基地局でカバーできる電波の範囲のこと。

マクロセル方式では、アンテナ基地局に、広い範囲をカバーする大出力のものを使います。

エリアの拡大が容易である反面…

人口密度の高い地域では、ひとつの基地局に負荷が集中してしまうのが難点です。

ツナガンナイ…

ただいま混みあって…

マイクロセル方式

セルとは、単一の基地局でカバーできる範囲のこと。マイクロセル方式とは、狭いカバー範囲を多数配置することで、エリア全体をカバーする方式を指します。

移動体通信の世界では、PHSがこの方式を採用しています。

PHSの基地局は小出力であるため、ひとつひとつの基地局では狭い範囲しかカバーすることができません。したがって広いエリアをカバーするには、基地局の数を増やす必要が出てきます。基地局の設置コスト自体は安価ですが、エリア内に穴ができないよう配置するにはそれなりに数が嵩みます。そのためエリアの拡大には、多くの時間とコストを要するのが普通です。

しかし、ともすれば非効率ともとれるマイクロセル方式ですが、多数の基地局を用いてエリアをカバーする方式という特性が、ひとつの基地局にぶら下がる利用者の数を少なく抑えることができるというメリットも生んでいます。

通常、ひとつの基地局に多くの利用者が殺到すると、その基地局がカバーする範囲は処理が間に合わず、「電話がつながりにくくなった」「通信速度が急激に低下した」などの障害を生む要因となります。しかしPHSのようなマイクロセル方式では多数の基地局が設置されているため、エリア内で負荷が分散され易く、このような問題が生じ難いのです。

こうした特性に目を付け、本来はマクロセル方式を用いる携帯電話サービスの分野でも、人口密度の高い都市部などでマイクロセル方式を導入する事業者が出てきています。

9

関連用語

携帯電話 (Cellular Phone) …… 240
PHS(Personal Handyphone System) …… 242
マクロセル方式 …… 246
輻輳 …… 258

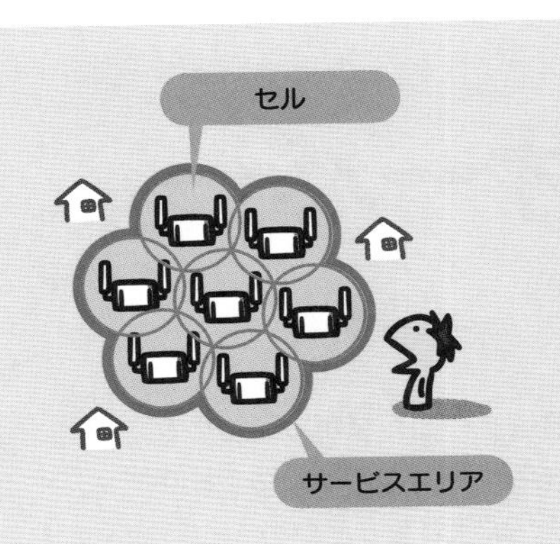

単一のアンテナ基地局でカバーできる範囲は狭いながらも、それを多数配置することでエリア全体をカバーする方式。これをマイクロセル方式といいます。
主にPHSが採用しています。

セルとは単一のアンテナ基地局でカバーできる電波の範囲のこと。

コレ

マイクロセル方式では、アンテナ基地局に、狭い範囲をカバーする小出力のものを使います。

多数の基地局を使ってエリア全体をカバーするため…

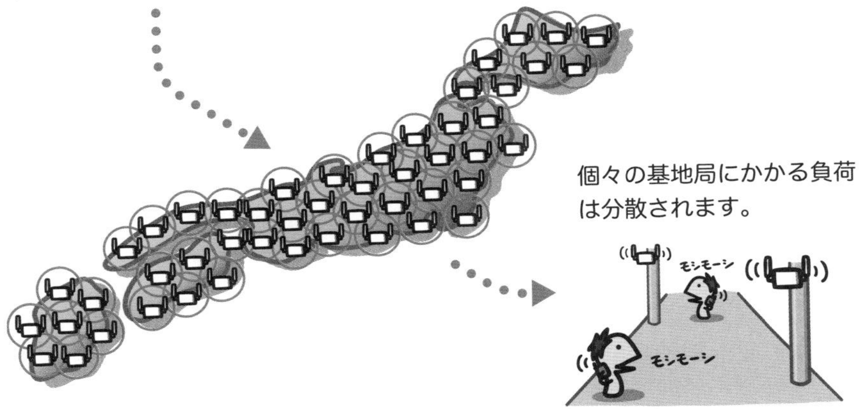

個々の基地局にかかる負荷は分散されます。

ハンドオーバー

ハンドオーバーとは、通話やパケット通信を移動しながら利用している際に、携帯電話やPHSなどの電話機本体が、接続する基地局を切り替えることです。

携帯電話などの移動体通信サービスは、基地局をひとつの「セル」と見なし、そのセルを複数配置することでサービスエリアをカバーするのが特徴です。この時、1つのセルがカバーする範囲は決まっているので、セルとセルの間には境目が存在します。そして、移動しながら通話をしていると、当然これをまたぐケースが発生します。

このような、セルの境目などで電波が弱くなった時に、その時点でより強い電波を発している基地局へ接続を切り替える処理を「ハンドオーバー」といいます。

通話やパケット通信等のサービスは、基地局と接続することで行われます。したがって、接続中の基地局がカバーしている範囲より外に出てしまえば、接続は切れてサービスが受けられなくなります。そうなる前に、移動先のエリアを担当する基地局に接続を切り替えて、サービスが継続して受けられるように振る舞うわけです。

過去のPHSにおいては、このハンドオーバー処理はかなり苦手な分野でした。処理自体に時間がかかることに加え、その間は通話が遮断されしまうこと。マイクロセル方式であることから基地局のカバー範囲が狭く、ハンドオーバーが頻繁に生じていたこと。高速移動中には処理が追いつかず切断されていたこと等により、「PHSは切れやすい」という悪評を買う一因となりました。

現在はPHSでも処理が改善されており、携帯電話も含めて多くの場合は一瞬で処理が終わるため、利用者がハンドオーバーを意識することはまずありません。

関連用語

携帯電話（Cellular Phone）…… 240
PHS（Personal Handyphone System）…… 242
マクロセル方式 …… 246
マイクロセル方式 …… 248
パケット通信 …… 254

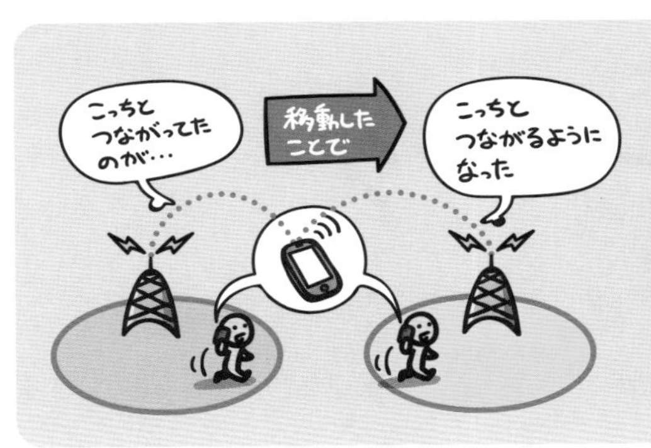

ハンドオーバーとは、携帯電話やPHSが、接続するアンテナ基地局を通話中に切り替えることです。
移動しながらの電話サービスを実現するためには欠かせない技術です。

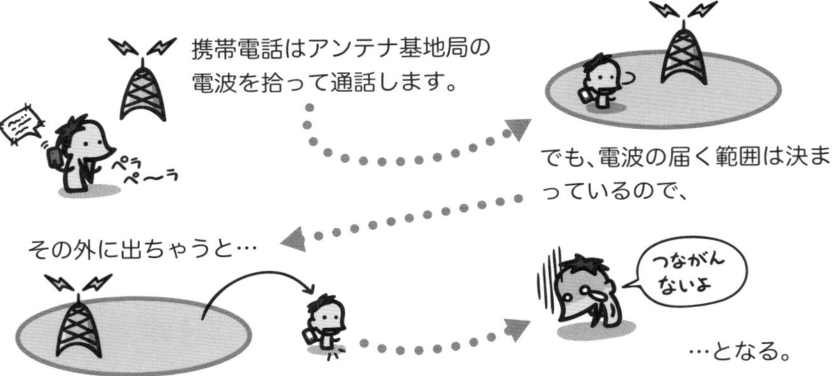

なので、アンテナ基地局の電波は互いに重なるよう配置されてます。

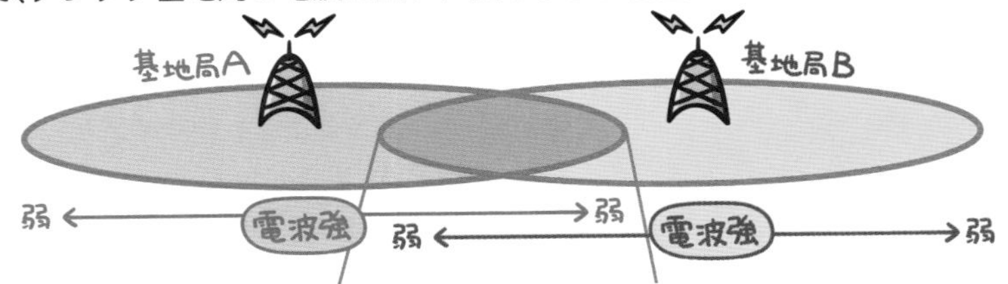

電波はアンテナ基地局から離れるほど弱くなるので、重なり合った部分で電波の強い方に切り替えるようにして、通話が途切れないようにしているのです。

ローミング

ローミングとは、複数の携帯電話会社をまたいでサービスを利用できるようにすることです。

たとえば国内の携帯電話会社と契約し、その電話機を持って国外に出かけたとします。国内の携帯電話会社が国外にまで基地局を張り巡らせることはできませんので、本当ならその電話機は国外では使えません。

ローミングとは、このような「サービス地域外」に出た際、その現地にある通信設備を使って、音声サービス等を同じく受けられるようにするものです。携帯電話やPHSなどのサービス事業者が互いに提携し、サービス地域外においても他事業者の基地局を使わせてもらうようにすることで実現しています。

ここでは国外でのことを例に挙げましたが、ローミングは特に国外の提携に限るものではありません。国内においても、2008年から音声サービスを開始した当時のイー・モバイル社は、当初NTTドコモ社とローミング契約を結んでおり、自社の音声ネットワーク網が敷設し終わるまでの間、NTTドコモ社のFOMA用ネットワークと併用する形でサービスを提供していました。

このように一見便利なローミングサービスですが、一方で利用料という面では注意も必要です。他社の設備を用いる関係から、ローミングによる通話やパケット通信には、多くの場合割引や定額制サービスは適用されず、思いがけず高額な利用料が請求されてしまう事例が珍しくありません。利用にあたっては、携帯電話会社のWebサイトやパンフレット等により、ローミング時の各種制限をチェックしておくことが重要です。

関連用語

携帯電話（Cellular Phone）……240
スマートフォン……244
PHS(Personal Handyphone System)……242
パケット通信……254

ローミングとは、複数の電話会社をまたいでサービスが受けられるようにすること。
このサービスによって、日本でも海外でも、同じ携帯電話がそのまま使えたりします。

普通だと、携帯電話は契約してる事業者のサービスエリア内でしか使うことができません。

でも事業者が互いに提携することで……

本来はサービスエリア外となるはずの地域でも、通話ができるようにしたりする……

これがローミングサービスです。

パケット通信

デジタルデータを小さなパケット(小包)に分割し、それをひとつずつ送受信することで通信を行うやり方をパケット通信と呼びます。

携帯電話で音声による通話を行う場合、通話相手と自分との間をつなぐ通信回線は、その通話の間は占有する形になるのが普通です。したがって、その地域の通信回線がすべてふさがってしまっている場合、他の人は空きが出るまで待たなくてはなりません。もちろん通話中の回線に電話がかかってきても、その回線はふさがっていますので話し中となり、電話を取ることはできません。これは、通話サービスが「回線交換通信」という方式でつながっているからです。

一方パケット通信方式の場合は、回線を占有するということがありません。

パケットという形に細切れになった通信データは、回線の空き具合を見ながら相手方へと送られます。回線を共有する人たちが皆そうやって「細切れ化されたデータ」を少しずつ交代で流すようにすることで、ひとつの回線を複数の人が共有して使えるようにしているのです。

パケット通信を行うサービスは、メールのやり取りやインターネットの閲覧、ネットを用いた携帯アプリ等が主要なところです。これらはいずれもデジタルデータを送受信するものであるため、パケット通信方式がその特性に合致しているからです。

回線交換通信の場合は占有時間に応じた課金……つまりは通話時間によって課金がなされますが、パケット通信の場合は「通話時間」という概念がありません。したがってこの場合は「送受信したデータ量」に応じて課金されるのが通例です。

9

関連用語

パケット……46
携帯電話 (Cellular Phone)……240
スマートフォン……244
PHS(Personal Handyphone System)……242
インターネット(the Internet)……168
電子メール(e-mail)……184

パケット通信とは、デジタルデータを小さなパケット(小包)に分割し、それをひとつずつ送受信することで通信を行うやり方のことです。
メールや、インターネットの閲覧などに使われています。

電話というのは、通話中は回線を占有するのが一般的でした。

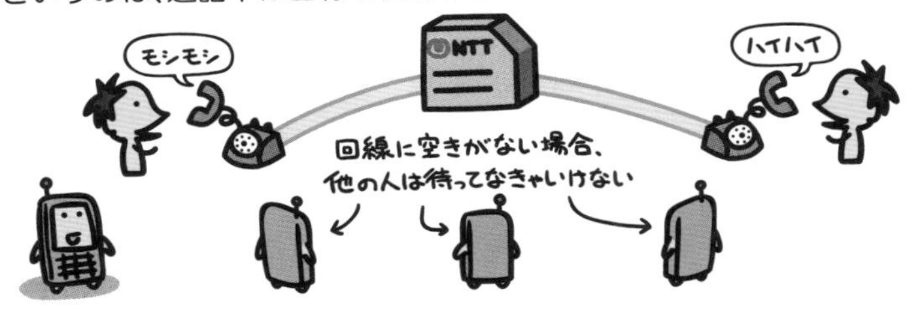

なので、音声通話は占有時間に対して課金され、通話料がとられます。

一方、パケット通信はデータを細切れにして…

それをみんなでちょこっとずつ回線に流します。

みんなで回線を共有できるため、「通話中」のような占有の概念がなく、送受信したパケットの数に対して課金されます。

テザリング

スマートフォンなどの高機能端末が持つ機能のひとつです。この機能を用いることで、スマートフォンを外付けモデム、もしくは無線LANのアクセスポイントとして動作させることが可能となり、他のコンピュータに対してインターネット接続を提供できるようになります。

テザリングによって行うインターネット接続には、携帯電話会社網のデジタル通信サービスを利用します。したがって、この機能を利用できるスマートフォンを1台持っているだけで、携帯電話会社のサービス地域内ならどこでも、ノートパソコンやタブレット製品(iPadなど)をインターネットにつなぐことできるわけです。

従来であれば、このような使い方には別途データ通信専用の端末やカードを契約するのが一般的でした。つまりユーザ視点で見れば、従来必要であった契約が不要となり、スマートフォン1本に集約できるようになるというメリットがあります。近年では、テザリングに別途料金を課することもなくなりつつあるので、料金的なメリットも大きくなりました。

しかし一方で、パソコンでの通信はスマートフォン単体で行われる通信よりもデータ量が大きくなりがちであるため、サービス提供側からすれば、増加する負荷をどのように吸収するかが悩ましいところだといえます。現在は各社とも月の通信量に制限を設けることで、この問題に対処しています。

一部ではこの用語を「デザリング」と誤って発音するケースが見受けられますが、テザリングとは「tether (つなぐ、縛る)」といった意味の英単語を動名詞形 (tethering) にしたものであるため、頭の「テ」が濁ることはありません。

関連用語

携帯電話 (Cellular Phone) …… 240
スマートフォン …… 244
インターネット(the Internet) …… 168
無線LAN …… 76
Bluetooth …… 80

テザリングとは、スマートフォンなどの高機能端末が持つ機能のひとつ。
携帯電話会社網のデジタル通信サービスを、インターネットアクセスに用いる通信回線として、他のコンピュータに提供します。

スマートフォンは、「どこでも、パケット通信ができる」ことが売りのひとつです。

そこで、このスマートフォンを外付けモデムや、無線LANのアクセスポイントとして動作させてやるのがテザリング。
これにより、他のコンピュータにインターネット接続を提供するわけです。

「輻輳」とは、物が1カ所に集まって混み合うという意味の言葉です。通信の世界では、「回線が混み合う」という意味でこの言葉を用います。たとえばチケット予約で電話が殺到した結果、「ただいま回線が混み合っております、しばらく経ってからおかけ直しください」などのアナウンスが流れることがありますが、これはその回線が輻輳のためにつながりにくくなってしまっているからです。

こうした現象は特に災害時の安否確認や、年末年始の「おめでとうコール」などで顕著です。いったんつながりにくくなると、リダイヤルを繰り返す利用者が多いため、それがさらなる輻輳の悪化を招く悪循環へとつながります。

このような輻輳現象は音声通話に限るものではなく、パケット通信のように「複数人で回線を共有して利用できる」という特性を持つデータ通信においても、同様に発生します。

パケット通信における輻輳現象は、ネットワークに流入するデータ量が通信回線の許容範囲を超えることで発生します。

回線に送られてきたパケットは、順にネットワークの中継機能を持つルータへと運ばれます。そして、自分の順番が来るまで「転送待ち」という状態で待つことになります。しかし、その数があまりに多いと、いつまで待っても転送の順番が回ってきません。

その結果、パケットの遅延もしくは欠損が生じて、メールなどのデジタルデータが送受信できなくなってしまうのです。

最近ではパケット通信の利用が増加の一途を辿ることから、一部の携帯会社では都市部においてこうしたパケット通信の輻輳が頻出し、「つながらない」「メールが取得できない」など深刻な状況にあるとも言われています。

9

関連用語

パケット……46
ルータ……120
パケット通信……254
電子メール(e-mail)……184

輻輳とは、回線が混み合っている状態のこと。
基地局が処理できる人数を超えてしまった時や、処理能力以上のパケットが流れ込んできた時などに発生し、「つながらない」「メールが届かない」などの問題を引き起こします。

携帯電話は、最寄りの基地局とつながることで、通信を行います。

しかし、ひとつの基地局に接続できる台数には限りがあります。

したがって、あんまり多くの人が一度に電話しようとすると…

…てなことになって、つながらない人が出てきてしまいます。

大地震などの災害時は、こうした輻輳による通信障害を避けるため、110番や119番などの緊急電話以外は、負荷に応じて通話規制を行います。

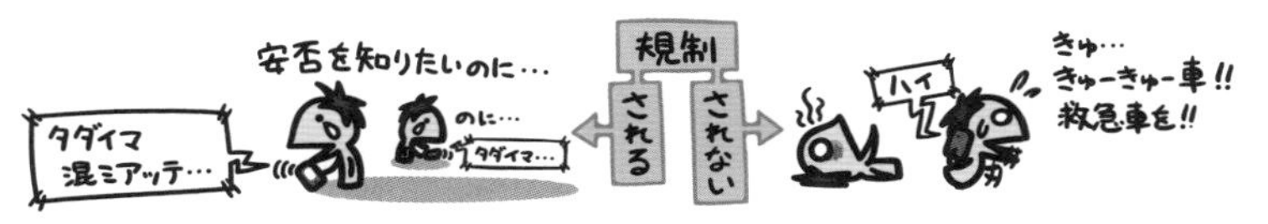

SIM（シム）カード

SIMカードとは、携帯電話機本体に差し込んで使うICカードのこと。契約と同時に携帯電話会社が発行するクレジットカードサイズ大のもので、そのICチップ部分だけを切り離して使用します。SIMカードの内部には固有のID番号が記録されており、この情報をもとに契約者情報を判別します。

契約者情報には利用者の電話番号も含みます。したがって、対応の電話機さえあれば、いつでもこのSIMカードを差し替えることで、自身の電話番号を利用することが可能です。つまり、複数の電話機を1枚のSIMカードで使い分けることもできるし、その逆に1台の電話機を複数のSIMカードで電話番号を切り替えながら使うこともできるわけです。

SIMカードは、世界的に広く利用されていたGSM方式(2G)やW-CDMA方式(3G)、およびそれ以降の世代の方式の携帯電話でサポートされています。したがって、基本的には海外のGSM方式携帯や、W-CDMA方式を採用する国内のNTTドコモ社、ソフトバンクモバイル社の携帯電話機には互換性があり、本来であればSIMカードを差し替えて利用できることになります。しかし、国内の携帯電話会社では、電話機本体の利用を自社のサービスに限定していることが未だ多く、俗に「SIMロック」と呼ばれる制限が電話機に施されています。この場合、同じ携帯電話会社内の電話機であればSIMカードの差し替えができますが、他社の電話機にSIMカードを差しても利用することはできません。

逆にこうした制限がないことを「SIMロックフリー」と呼びます。SIMロックフリーの携帯電話機は、どの携帯電話会社のSIMカードでも差し替えて使用することができます。

関連用語

携帯電話 (Cellular Phone) ……… 240
PHS(Personal Handyphone System) ……… 242
スマートフォン ……… 244

SIMカードとは、携帯電話機本体に差し込んで使うICカードのこと。
ICチップ内に固有のID番号が記録されており、契約者情報を判別するために使います。

SIMカードの中には、ID番号の他にも、自分自身の電話番号(自局番号)をはじめとする様々な情報が入っています。

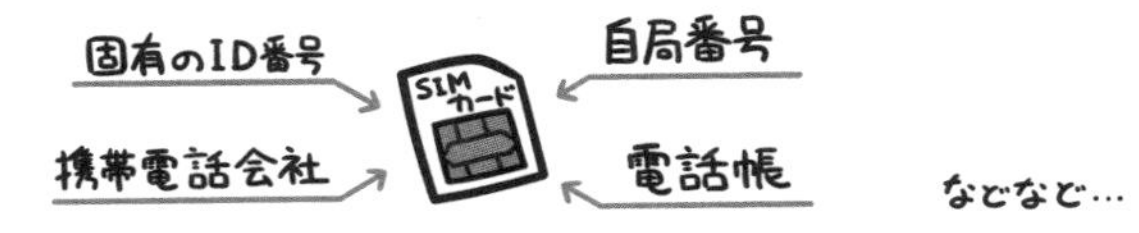

そしてSIMカードは、携帯電話機本体に、この「自局番号」を与えるという役割を負っています。

SIMカード対応の電話機が複数あれば、SIMカードを差し替えることで、いつでも使い分けることができちゃいます。

column

あの頃はいつもPHSだった

僕がはじめて手にした移動体通信機器は、当時「ピッチ」などという愛称で呼ばれていたPHSでした。確か1996〜7年くらいのことです。

携帯電話は維持費が高いというのもあったんですけど、データ通信もトロくて使い物にならない上に、何より音質が悪かった。たまに会社の偉い人が携帯電話で出先から電話してくるんですけど、ピーギャラピーギョロとノイズが入ってばかりで何を言っているか聞き取れない。よくこんなのでお客さんに電話できるなと、当時はよく思ったものです。

一方のPHSはPHSで、歩きながらだとプチプチ切れちゃうとか、そもそも圏外ばかりで使い勝手が悪いというのはあったんですけど、それでもつながりさえすれば音質は良かったのです。だから、「持ち運びできる公衆電話」だと思えばさほど苦ではなく、電波のいいところを探してかけるようにすることで、ストレスフリーの通話を行うことができていました。一歩もそこから動けませんけどね。切れちゃうから。

このPHS、実は規格上デジタルデータとの親和性が高く、通信速度も当時の携帯電話の約4倍。そのため、まだまだマイナーな存在だったインターネットを活用する好事家の間ではそれなりに存在感があって、ノートPCやPDA（自前の通信機能を持たない小型の情報端末）と接続できるようにするケーブルの自作情報なんかも出回っていました。

それを見ながら、自分もハンダごてを握って一生懸命作ったなあ。副業仕事のデータを通勤途中でやり取りするのにかなり役立ってくれたんですよね。当時はそういう情報を得てはアキバに通い電子部品を買い揃えて……と、何を書いても今は昔。驚くほど進化を遂げた今の通信端末群の中、見る影もないどころか、とうとう停波も決まって消え去ることになったPHS。一般的には地味な存在でしたけど、間違いなく僕の中ではインターネットを活用する上で一時代を築いた思い出のテクノロジーでした。合掌。

10章

セキュリティ編

コンピュータウイルス

他者のコンピュータに入り込んで、なんらかの被害をもたらす不正なプログラムのこと。通産省の定義によると、「自らの機能、もしくはシステムの機能を利用して、自らを他のシステムにコピーして伝染する機能（自己伝染機能）」「発病するための条件を記憶して、それまで症状を出さない機能（潜伏機能）」「プログラムやファイルの破壊など、意図しない動作をする機能（発病機能）」という3つのうち、1つ以上を有するものとあります。自己を増殖させながら感染を広げていく様が実際のウイルスに酷似していることから、こうした呼ばれ方をするようになりました。

感染は基本的に「インターネットからダウンロードしたファイル」や「電子メールの添付ファイル」、「他人から借りたUSBメモリなどのリムーバブルメディア」を介して行われます。こうしたケースでは、そのファイルを開くか実行するかしない限り、感染することはありません。狭義のウイルスは、このような「宿主となるプログラムファイルの実行によって感染先を広げる」ものを指し、以降の2種とは明確に区別しています。

「ワーム」と呼ばれる種類のウイルスは、そうした媒体を介すことなくコンピュータに侵入し、感染を広げます。これは、システムに生じた「セキュリティホール」という安全上の穴をついたもので、インターネットなどのネットワーク越しに、無防備なコンピュータを探し出して感染活動を行います。

「トロイの木馬」と呼ばれる種類は、一見便利なソフトウェアを装いながら、その実は裏でパスワード情報を抜き出したりなど、システムに不正な動作をさせるものがこれに該当します。ただ、最近では「システムの破壊を伴わず情報を盗むのみ」を目的としたものは、「スパイウェア」と呼んでウイルスとは区別するのが一般的です。

それらすべてを総称した、「コンピュータに被害をもたらすプログラム全般」を示す言葉がマルウェアです。これらの駆除や感染防止には、「アンチウイルス」もしくは「ワクチン」などと呼ばれるソフトウェアが用いられます。

関連用語

ファイアウォール……156
パケットフィルタリング……160
インターネット(the Internet)……168
WWW(World Wide Web)……174
電子メール(e-mail)……184

経済産業省の「コンピュータウイルス対策基準」によると、次の3つの基準のうち、どれかひとつでも該当すれば、コンピュータウイルスであるとされています。

これらの特徴が伝染病に似ているので「ウイルス」と呼ぶのです

侵入は、ネットワーク経由か、電子メールの添付ファイル経由によるものが一般的で……

予防には、こまめなOSのアップデートと、アンチウイルスソフトの利用が効果的です。

不正アクセス

不正アクセスとは、あるコンピュータに対して、本来はアクセスする権限を持たないはずの人が、インターネットやLANなどのネットワーク回線を通じて侵入する(もしくは侵入を試みる)行為のことです。

不正アクセスの目的は、大きくは「データや金銭の不正入手、削除、改ざんなど」と「さらなる不正行為のための踏み台化」といった2つに分けることができます。前者は機密情報の漏えいや改ざん、またはオンラインバンキングにログインされて不正に送金されるなどの被害が考えられます。後者は、他のコンピュータへ侵入するための中継地点として使用することで痕跡を隠蔽したり(場合によっては犯人の濡れ衣がきせられることも)、あるサーバに対して大量のアクセスを集中させてシステムをダウンさせる攻撃のコマに使うなどが考えられます。

平成11年に施行された「不正アクセス行為の禁止等に関する法律(不正アクセス禁止法)」では、この不正アクセスを次のように規定しています。

- 他人のIDやパスワードを盗用してシステムを利用可能とする行為
- 不正な手段によりネットワークのアクセス認証を突破して、内部システムを利用可能とするなどの目的に達する行為
- それ以外の手法(セキュリティホールをつくなど)によって、システムを不正に利用可能とする行為

同法では、これらの行為に加えて、「不正アクセスを助長する行為」に関しても罰則が定められています。

関連用語

インターネット(the Internet) …… 168
WWW(World Wide Web) …… 174
LAN(Local Area Network) …… 62
コンピュータウイルス …… 264
ファイアウォール …… 156
パケットフィルタリング …… 160

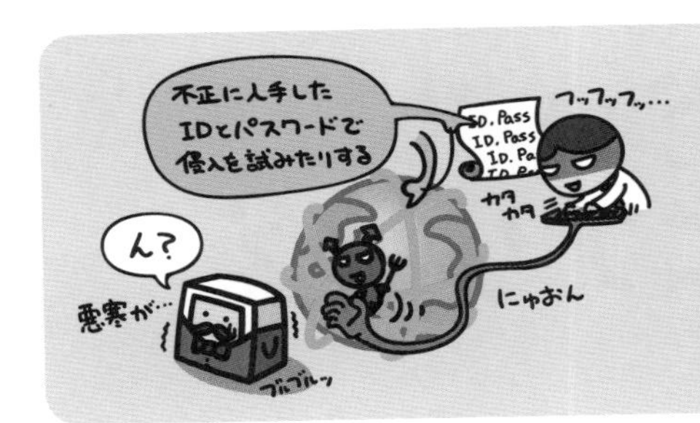

不正アクセスとは、あるコンピュータに対して、アクセスする権限を本来持たないはずの人が、ネットワーク回線を通じて侵入する(もしくは侵入を試みる)行為のことです。

代表的な攻撃手法の例としては、次のものがあります。

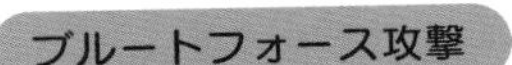

ブルートフォース攻撃

特定のIDに対し、パスワードとして使える文字の組合せを片っ端から全て試す手法です。総当たり攻撃とも言います。

リバース
ブルートフォース攻撃

ブルートフォース攻撃の逆で、パスワードは固定にしておいて、IDとして使える文字の組合せを片っ端から全て試す手法です。

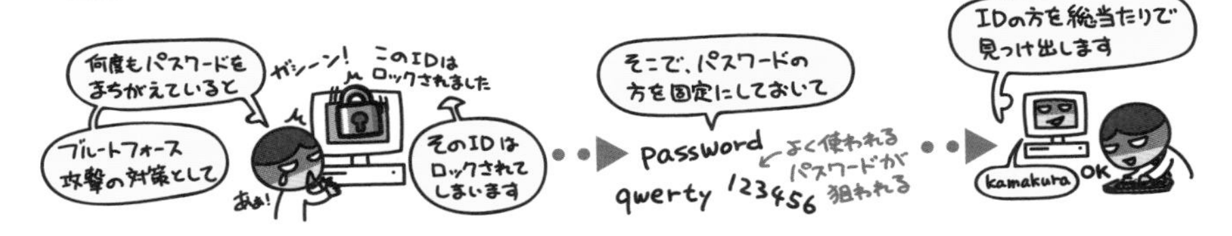

SQLインジェクション

ユーザの入力値をデータベースに問い合わせて処理を行うWebサイトに対し、その入力内容に悪意のある問い合わせや操作を行う文を埋め込み、データベースのデータを不正に取得したり、改ざんしたりする手法です。

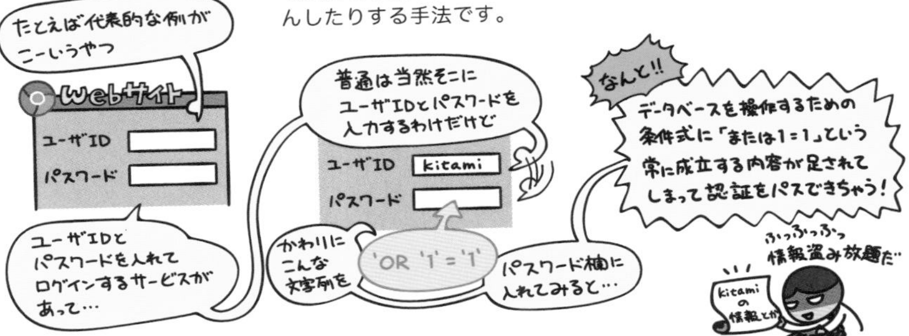

ソーシャルエンジニアリング

ソーシャルエンジニアリングとは、コンピュータシステムとは関係のないところで、人の心理的不注意をついて情報資産を盗み出す行為のことです。

ユーザ認証をしっかり行い、セキュリティホールを塞いだ厳重なシステムを作っても、それを利用するのは結局は人。この肝心要な利用者である人そのものが油断していては、そこからぽろっと大事な情報が漏えいする危険性があります。そこを狙うのがソーシャルエンジニアリング。不正アクセスとしてネットワーク越しに行われるサイバー攻撃とは真逆の、実に昔ながらの古典的な攻撃方法がとられます。

たとえば代表的なところをいくつかあげると、肩越しに入力中のパスワードを盗み見してみたり(ショルダーハッキング)、ネットワーク管理者のふりをするなど身分を詐称してパスワードや機密情報を聞き出したり、オフィスのゴミ箱を漁って有用な情報を盗み出したり(スキャビンジング)など、これらはすべてソーシャルエンジニアリングの手法と言えます。

よくある笑い話の、「ネットワークにログインするパスワードを付箋に書いてディスプレイの端に貼っておく」なんていうのは、格好の餌食になってしまうわけですね。

ソーシャルエンジニアリングへの対策は、システム面では行いようがありません。社内ルールを定め、社員教育を行うなどして1人1人の意識レベルを改善していく取り組みが重要になります。

関連用語

不正アクセス ………… 266
LAN(Local Area Network) ………… 62
コンピュータウイルス ………… 264

ソーシャルエンジニアリングとは、コンピュータシステムとは関係のないところで、人の心理的不注意をついて情報資産を盗み出す行為のことです。

ソーシャルエンジニアリングの例としては、次のようなものが挙げられます。

これについての対策は、「重要書類の処分方法を取り決め、それを徹底する」といった感じに社内ルールを定め……だけではなくて、社員教育を行うなどして、1人1人の意識レベルを改善していくことが大切です。

秘密鍵暗号方式

インターネットのように不特定多数が利用するネットワークで通信を行う際、その経路上には「やり取りするデータが盗聴される恐れ」が常につきまといます。

この時、「盗聴されないように」ではなく「盗聴されても中身がわからないように」という考え方に基づいて「データの中身を第三者にはわからない形へと変換してしまう」ことを暗号化といいます。

暗号化を理解する上で必要になるのが「暗号アルゴリズム」という考え方です。

たとえばAさんからBさんへ「あすはハレ」という文を送るとしましょう。この時、AさんとBさんの間でひとつ決めごとをするとします。たとえばそれは、「1文字ずつ後ろにずらして送る」という決めごとだとしましょう。そうすると、送られる文は「いせひヒロ」となるわけです。

途中でこの文を見た人は、「いせひヒロ」とあってもまるで意味がわかりません。

しかし決めごとを知っているBさんは、この文を受け取ると、1文字ずつ前に戻して元の「あすはハレ」という文を得るわけです(このように元の形に戻すことを復号と言います)。

この決めごとが暗号アルゴリズム。暗号化の世界では、これを「鍵」と呼びます。

秘密鍵暗号方式は、上記のように、送信側(暗号化する側)と受信側(復号する側)とで同じ鍵を共有して行う暗号化方式です。共通鍵暗号方式とも言います。

この方式では、第三者に鍵の中身を知られては暗号化の意味がなくなってしまいますから、鍵は秘密にしておかなければなりません。秘密鍵という名前はそこから来ています。

関連用語

インターネット(the Internet)……168
WWW(World Wide Web)……174
公開鍵暗号方式……272

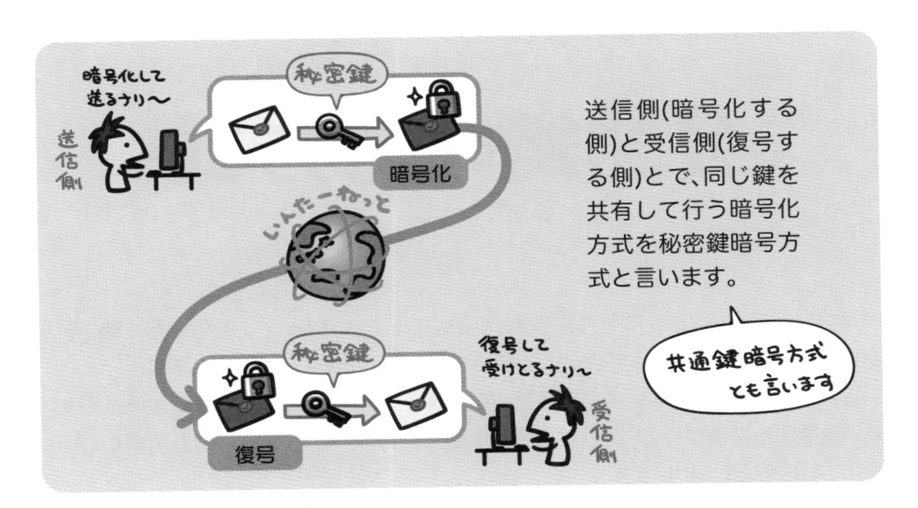

特定のルールを用いることで、データの中身を第三者にはわからない形に変換してしまうことを暗号化と言います。

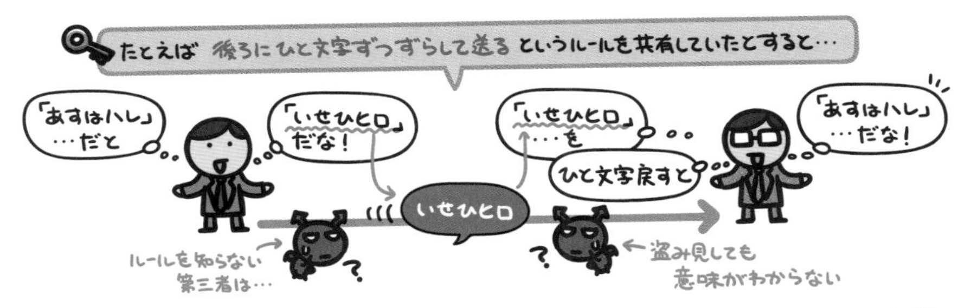

この時用いる「特定のルール」を鍵と呼びます。実際にはもっと複雑なこうした鍵を、互いに共有することで安全にやり取りするのが秘密鍵暗号方式です。

この方式では、通信相手の数だけ秘密鍵が必要になってしまうため、鍵の管理が大変になります。また、そもそもそうした秘密の鍵をどうやって相手に渡すのかという点も問題です。

公開鍵暗号方式

インターネットのように不特定多数が利用するネットワークで通信を行う際、その経路上には「やり取りするデータが盗聴される恐れ」が常につきまといます。

この時、「盗聴されないように」ではなく「盗聴されても中身がわからないように」という考え方に基づいて「データの中身を第三者にはわからない形へと変換してしまう」ことを暗号化といいます。

公開鍵暗号方式は、暗号化と復号に別々の鍵を用いるのが特徴となる暗号方式です。

まず受信者は、秘密鍵と公開鍵のペアを持ちます。公開鍵は広く一般に公開して構わない鍵で、「自分にデータを送る時はこれで暗号化してください」と送信者に渡します。

送信者は、この公開鍵を使ってデータを暗号化して、受信者へと送ります。この時、こうして暗号化されたデータは、秘密鍵でないと復号することができない形式になっています。

そして受信者は、送られてきたデータを自身の秘密鍵を用いて復号するというわけです。

一見「鍵を公開して大丈夫なの?」と思ってしまう方式ですが、公開された鍵は暗号化にしか用いることができないため、途中でデータを盗聴される恐れにはつながりません。

この公開鍵暗号方式は、秘密鍵暗号方式に比べて暗号化や復号にかなり処理時間を要します。そのため、利用形態に応じて双方を使い分けするのが一般的です。

たとえばHTTPS。ここで用いる暗号化プロトコルのSSLでは、まずWebサイトとの間で公開鍵暗号方式を用いた通信を行います。この最初のやり取りにより秘密鍵(共通鍵)がクライアントとサーバ間で共有されて、以降は秘密鍵暗号方式による通信が行われる流れになっています。

関連用語

インターネット(the Internet)……168
WWW(World Wide Web)……174
HTTPS……212
SSL(Secure Sockets Layer)……210
秘密鍵暗号方式……270
デジタル署名……274
CA(Certification Authority)……276

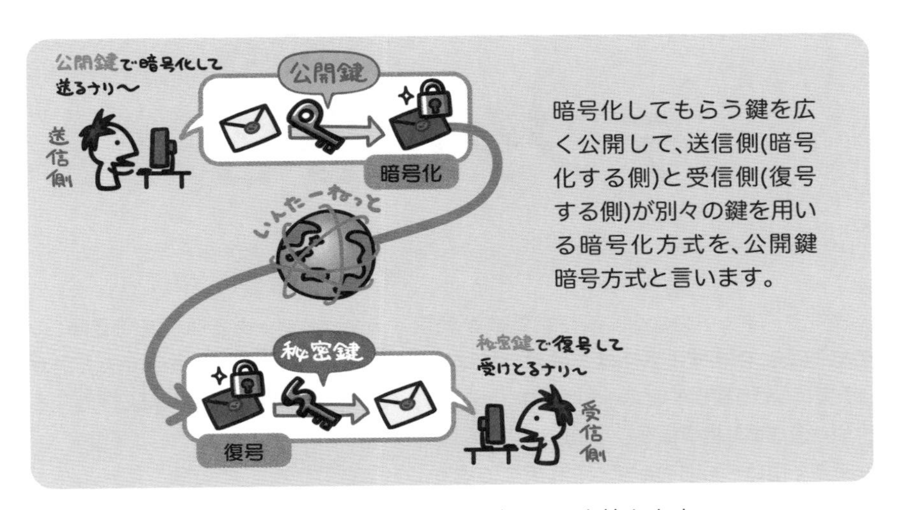

暗号化してもらう鍵を広く公開して、送信側(暗号化する側)と受信側(復号する側)が別々の鍵を用いる暗号化方式を、公開鍵暗号方式と言います。

公開鍵暗号方式では、受信者が秘密鍵と公開鍵のペアを持ちます。

データを送る際、送信者は受信者の公開鍵を使ってデータを暗号化します。

公開鍵は暗号化しかできないので、他の人がその鍵を用いて中身を見ることはできません。

公開鍵で暗号化されたデータは、秘密鍵の持ち主だけが復号して閲覧可能です。

デジタル署名

インターネットのように不特定多数が利用するネットワークで通信を行う際、その経路上に存在する危険は盗聴だけではありません。無事にデータが届いたと見せて、実は「やり取りするデータが途中で改ざんされている」恐れもありますし、そもそも「やり取りする相手になりすまされている」危険性も無視できません。

そこで用いられるのがデジタル署名です。

デジタル署名は、公開鍵暗号方式の技術を利用して、発信者がなりすましされていないことの証明と、データが改ざんされていないことの証明を行うものです。

デジタル署名では、まず送信データにハッシュ関数を用いて、メッセージダイジェストという短い要約データを作成します。これをハッシュ化と言います。ハッシュ関数により生成されるメッセージダイジェストは、元データが同じであれば、必ず生成されるデータも同一のものとなります。

これを送信者は、自身の秘密鍵を用いて暗号化し、相手に送ります。

公開鍵暗号方式は、公開鍵によって暗号化したものは秘密鍵でないと復号できないという仕組みですが、これは逆も成立していて、秘密鍵で暗号化したものは公開鍵でないと復号することができません。

つまり受信者が、受け取ったメッセージダイジェストを送信者の公開鍵を用いて復号できた場合、それは「間違いなく公開鍵の持ち主が送ってきたデータである」という証明になるわけです。

続いて、この復号結果であるメッセージダイジェストと、受信した元データから受信者が生成したメッセージダイジェストとを突き合わせます。これが一致すれば、「元データは改ざんされていない」という証明になるわけです。

関連用語

公開鍵暗号方式……272　CA(Certification Authority)……276

デジタル署名とは、送信者の正当性と内容の確かさを担保するための署名技術です。
不特定多数が利用するインターネットのようなネットワークにおいて、「なりすまし」や「データの改ざん」といった危険性を防ぐために用います。

デジタル署名とは、送信データからメッセージダイジェストを生成し、それを送信者の秘密鍵で暗号化したものです。

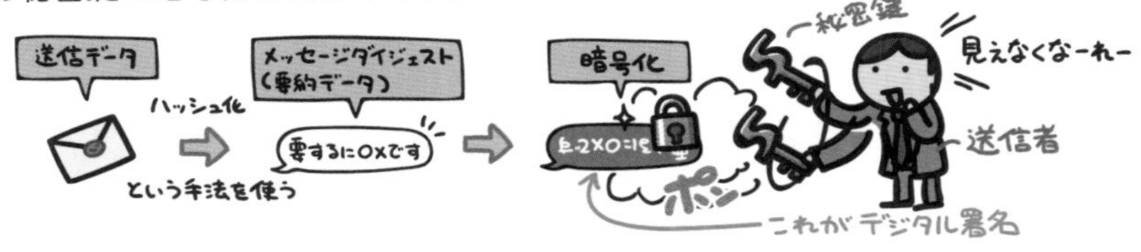

実は公開鍵と秘密鍵のペアというのは、どちらかを必ず暗号化専用に用いるようなものではなく、次のような法則を持っています。

したがって受信者は、受け取ったデジタル署名を送信者の公開鍵によって復号することができます。これにより次のことが証明できるというわけです。

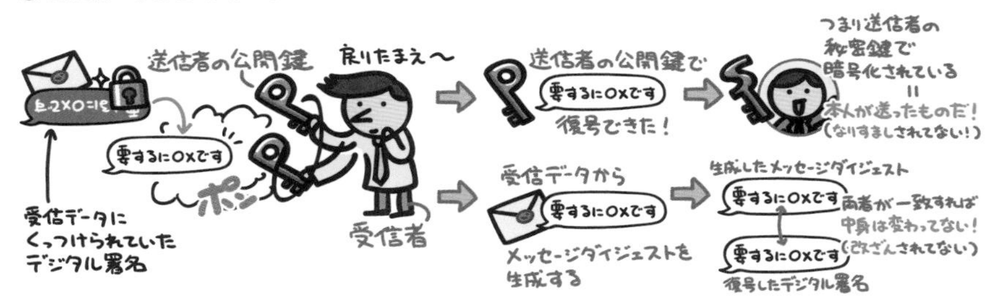

CA（シー エー）
(Certification Authority)

CAとはCertification Authorityの略、認証局という意味になります。

公開鍵暗号方式と、それを用いたデジタル署名は、インターネットのような不特定多数を相手に通信する環境下にあって、「盗聴」「なりすまし」「改ざん」といった危険を回避するためには欠かせない技術です。そのためには、公開鍵と秘密鍵というペアを持ち、それによって様々な証明を行うわけですが……、もし仮に、その鍵自体が偽物であったとしたらどうでしょうか。

鍵を用いてデータの正当性を証明するにも関わらず、その鍵が偽物とあっては、証明手段たる理屈が根底から崩れ去ってしまいます。つまり誰か信用できる第三者が、「この公開鍵は確かに本人のものですよ」と証明できなければいけません。

それを行うのがCA(認証局)です。

証明を受けるサーバは、公開鍵と秘密鍵のペアを生成し、この公開鍵をCAに登録します。CAはこの登録情報からメッセージダイジェストを作り、これを自身の秘密鍵で暗号化してデジタル署名とします。この署名と登録を受け付けた公開鍵をセットにして、デジタル証明書として発行します。

クライアントがサーバに対して接続要求をあげると、サーバはデジタル証明書を送付します。クライアントはデジタル証明書から、CAのデジタル署名部分をCAの公開鍵で復号して、これが正しく検証できれば、証明書に含まれる公開鍵はCAによって保証される正しい鍵だと見なします。

以降はそれを用いて通信を開始することで、「なりすまし」を回避することができるわけです。

このような、認証機関と公開鍵暗号技術を用いて通信の安全性を保証する仕組みのことを、公開鍵基盤(PKI:Public Key Infrastructure)と呼びます。

関連用語

インターネット(the Internet)………168
WWW(World Wide Web)………174
公開鍵暗号方式………272
デジタル署名………274

公開鍵の正当性を保証する第三者機関がCA(認証局)です。
公開鍵の登録を受け付けるとデジタル証明書を発行し、その鍵の正当性を保証します。

デジタル署名は、公開鍵暗号方式によってなりすましを防いで通信の安全性を保つものです。しかし、そもそもそこで使われる鍵のペアがすでに偽物であった場合、これによる偽装を防ぐことはできません。

そこで、信用できる第三者が、「この公開鍵は確かに本人のものですよ」と証明する機構が考えられました。それがCA(認証局)です。
CAは次のような流れによって、公開鍵の正当性を保証します。

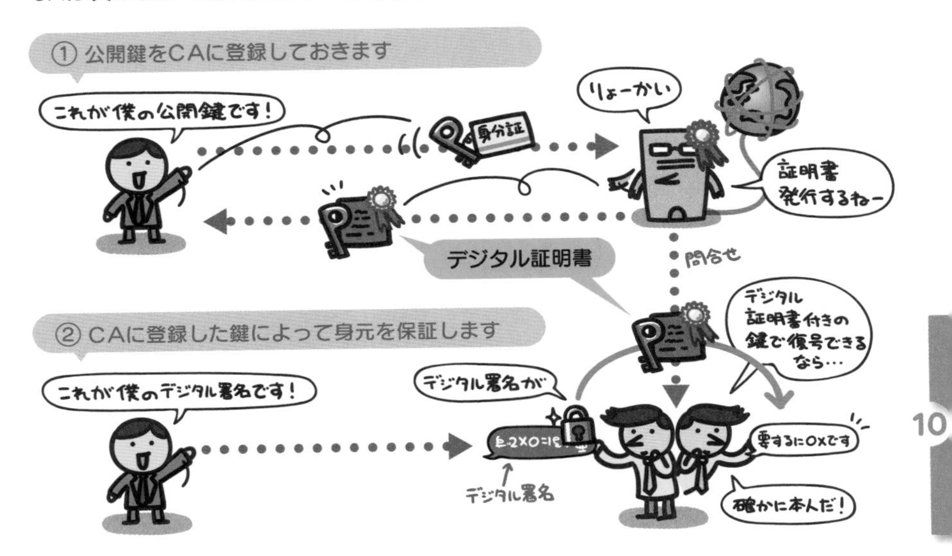

column

PTA活動に潜む落とし穴

子どもが出来て数年育って、幼稚園だ小学校だと大きくなってくると、嫌でも関わらざるを得なくなってくるのがPTA活動です。うちでは基本的に専業主婦の妻がこれに対応してくれていたのですが、ある時この妻が「ワードで編集したいんだけど」とUSBメモリを持ち帰ってきました。なんでも広報担当になったらしくて、それで昨年のPTA新聞データを流用して今年の紙面を作らなきゃいかんとなったのだとか。

嫌な予感がしたのでサブ環境であるノートパソコンを貸すことにして、ネットワークをオフにした状態でUSBメモリを挿し込むと……案の定ウイルス検知ソフトがアラートを鳴らしまくり。はっきりとは覚えていませんが、確か3〜5種類程度のウイルスが発見されたと思います。

聞けば学校の備品であるパソコンから、PTA管理のUSBメモリでデータを持ち出してきたというので、そっちも駆除しないとまた感染するよと言ってそれからまた数カ月後。また同じ作業が降ってきて、同じようにつないでみたらまたアラートの嵐。

「言ったんだけど駄目なんだよ」

どうもウイルスの話をまわりの人にしてみても、「どうせ私たち盗まれて困るようなデータ、パソコンに入ってないものねえアハハハハ」と笑うばかりでとりつく島がないのだとか。当然、学校のパソコンを駆除したところで、そのメンバーのパソコンが感染したままなんですから、そこを経由するたびに、また同じウイルスが学校のパソコンを汚染するいたちごっこが続きます。

実にまったく、どんなウイルスよりも人間が怖い。

毒に汚染されているとわかりながら、それを自分のパソコンに挿し込まないといけないあの気持ち……。ほんとやめて！怖い！ってPTAからの刺客に毎度震えていた僕が、妻の任期満了をこれ以上なく喜んだのは言うまでもありません。

おわりに

本書をお読みいただきありがとうございました。

この本は、「なんでこんな本がないんだろうか」と普段思っていたことを、そのままぶつけた本でもあります。

「なぜたとえ話に終始した柔らかい本がないんだろうか」

「なぜ図解といいながら四角と矢印ばかりの本なのだろうか」

そんな「なぜ」に対して、自分ならこう表現したいと思ったことをつめこんだのです。

昔の話ですが、プログラマをやってた頃に、用語辞典なるものをかたわらに置いていた人がいました。初心者の人だったので、偉いなと思ってそう言うと「結局難しくてわからない」という答えが返ってくるのです。見てみると簡潔にまとめられていて非常に読みやすいのですが、確かにこれじゃあ概要すら掴めないというものでした。

でもその人だって、目の前にあるものに例えて説明すれば、何の苦もなく理解することができる内容ばかりだったのです。

本書では、そうした人に説明する時の気持ちに立って、それをそのまま絵にしました。ですから、文字を必死に追って考えるのではなく、さ〜っと絵を流し読みするのがお勧めです。

もし本書を読んで「難解だ」と感じた人は、絵の部分だけを見て、そのイメージを印象として残すに留めてください。きっとその用語に触れるたび、頭に残ったイメージが浮かび上がって、いつか「ああ、こういう意味だったのか」と理解できる日がやってくるはずです。

最後に、この本の主旨を理解いただき、出版の機会を与えてくださった編集者の方々に、感謝の意を表します。

2002年11月 きたみりゅうじ

改訂にあたって

本書は2003年1月に初版が発行され、その後だいたい3〜5年周期で版を重ねてきました。今回お目見えする第5版は、第4版の出た2014年から6年後。この本としては、少々異例となる期間を空けてしまったことになります。

ありがたいことに、4年が過ぎた2018年頃から「そろそろ次の版が出る時期でしょうか?」と問い合わせを下さる読者さんが増えてきて、もう待ったなし状態になって書き上げて、そうして今このあとがきを書いています。

あまり類のない、イロモノ的扱いではじまったこの本は、読者の皆さんに長く愛していただけたおかげで——当時初心者だった方が上級者となり、後輩さんに「お勧めだよ」と本書を紹介してくれて、そしてまたその方が数年経って後輩さんに……と、そんな流れで時を経て——皆さんの力で定番書として育てていただきました。

そこで今回の改訂では！これからの10年をまた愛してもらえる本として生き残れるように！すべてのテキストを書き直し！すべてのイラストも描き直し！今風な項目も追加しつつ！ついでに全部フルカラーだ！と、全面的に力を入れまくって改訂にあるまじき労力で再構成し直しました。合い言葉は、「かつての読者さんが、また買い直したくなるように！」です。

まあ、実際に買い直してもらえるかどうかは置いておくとして、これまでと同じく、先輩さんから後輩さんへと口伝えで愛され続ける本であり続けてもらえればと、そう願ってやみません。

「この本に、新人時代すごく助けられたんです」

時折いただくそうした声が、今では僕の大きな誇りとなっています。

最後になりましたが、本書を手に取っていただきありがとうございました。この内容がまた、誰かの助けになれば幸いです。

2020年3月 きたみりゅうじ

数字

A·B·C

D·E·F

G·H·I

J・K・L

M・N・O

P・Q・R

S・T・U

V・W・X・Y・Z

ア行

ナ行

ハ行

マ行

ヤ行

ラ行

ワ行

● 著者について

きたみりゅうじ

もとはコンピュータプログラマ。本職のかたわらホームページで4コマまんがの連載などを行う。この連載がきっかけで読者の方から書籍イラストをお願いされるようになり、そこからの流れで何故かイラストレーターではなくライターとしても仕事を請負うことになる。
本職とホームページ、ライター稼業など、ワラジが増えるにしたがって睡眠時間が過酷なことになってしまったので、フリーランスとして活動を開始。本人はイラストレーターのつもりながら、「ライターのきたみです」と名乗る自分は何なのだろうと毎日を過ごす。
自身のホームページでは現在も4コマまんがや1コマ絵日記などを連載中。
https://oiio.jp

● 装丁
早川いくを（ハヤカワデザイン）

● イラスト
きたみりゅうじ

● 本文デザイン・DTP
小島明子（株式会社 しろいろ）

● 編集
山口政志

● お問い合わせについて

本書に関するご意見、ご感想、ご質問については、ファックスか封書などの書面か電子メールにて下記までお送りください。電話でのご質問は受け付けておりません。

なお、ご質問の際には、書名と該当ページ、返信先を明記してくださいますようお願いいたします。特に電子メールのアドレスが間違っていますと回答をお送りすることができなくなりますので、十分にお気をつけください。また、本書に記載されている内容に関するもののみ受付をいたします。本書の内容と関係のないご質問につきましては一切お答えできませんので、あらかじめご承知ください。

〒162-0846 東京都新宿区市谷左内町21-13
株式会社 技術評論社 書籍編集部
『図解でよくわかる ネットワークの重要用語解説』係
FAX：03-3513-6183

○電子メールの場合（本書サポートページ）
https://gihyo.jp/book/2020/978-4-297-11171-7

【改訂5版】図解でよくわかる ネットワークの重要用語解説

2003年 1月 6日 初 版 第1刷発行
2020年 4月 29日 第5版 第1刷発行
2024年 10月 4日 第5版 第4刷発行

著 者　きたみりゅうじ
発行者　片岡 巌
発行所　株式会社技術評論社
東京都新宿区市谷左内町 21-13
電話 03-3513-6150 販売促進部
03-3513-6166 書籍編集部
印刷／製本　株式会社加藤文明社

定価はカバーに表示してあります.

本書の一部または全部を著作権法の定める範囲を越え，無断で複写，複製，転載，あるいはファイルに落とすことを禁じます.

©2020 きたみりゅうじ

造本には細心の注意を払っておりますが、万一、乱丁（ページの乱れ）や落丁（ページの抜け）がございましたら、小社販売促進部までお送りください。送料小社負担にてお取り替えいたします。

ISBN978-4-297-11171-7 C3055
Printed in Japan